不是想得到，而是怕失去。不是系念一己私利的失去，而是虑及节日或会发生的系统失忆。

——作　者

不是思维能动，而是被动的失去。不是念念一些杂物的失去，而是
被及时地日益会发生的紧张的失去。

——作者

A DRUNKEN CITY

林醒愚 著

城醉
之而
年立

青岛国际啤酒节30年亲历

My Own Experience of the Qingdao International
Beer Festival in the Past 30 Years

中国海洋大学 出版社
CHINA OCEAN UNIVERSITY PRESS
·青岛·

图书在版编目（ＣＩＰ）数据

城醉·而立之年：青岛国际啤酒节30年亲历 / 林醒
愚著. -- 青岛：中国海洋大学出版社，2021.6
ISBN 978-7-5670-2725-1

Ⅰ. ①城… Ⅱ. ①林… Ⅲ. ①啤酒 – 节日 – 介绍 – 青
岛 Ⅳ. ①TS262.5

中国版本图书馆CIP数据核字(2021)第005699号

出版发行　　中国海洋大学出版社
社　　　址　青岛市香港东路23号　　邮政编码　266071
出 版 人　杨立敏
网　　　址　http：//pub.ouc.edu.cn
订购电话　0532-82032573（传真）
责任编辑　张　华
照　　　排　林乡白
印　　　制　青岛印之彩包装有限公司
版　　　次　2021年6月第1版
印　　　次　2021年6月第1次印刷
成品尺寸　185mm x 260mm
印　　　张　15
印　　　数　1 – 1500
字　　　数　266千
定　　　价　88.00元

发现印装质量问题，请致电0532-58807218，由印刷厂负责调换。

举杯畅怀　回首拂尘

　　长期专注于一个节日的策办，且"节龄"达30年的从业者可能真的不多，所以有人开玩笑说我是啤酒节"古董"级的人物。虽没古董那么值钱，可从首届即紧密陪守至今的真还就我一人。当然，真正的热爱不能单靠时间的线性积累，也不能仅凭一纸契约的身份维系，须有曲折错落的坎坷经历和平生笃信的无悔眷恋。是不倦的缱绻造就了绵绵的持守，而不是绵绵的持守定能生成挚爱的情愫。

　　回首往事或会感喟岁月沧桑与路数无常，而我从不。与啤酒节一路相伴的特殊经历，并未引致行迹紊乱或步履蹒跚。这么多年来，不管方案的策划撰写还是现场的亲力而为，无论严谨的理论探究还是务实的细节操作，都能时时唤起我怡然以求的作业状态，甚或偶有触及节日真谛的醒豁与畅快。一句话，啤酒节于我就是生逢其时的美好机缘，爱与不爱都在冥冥中相互期许和等待。正基于此，才有了"举杯畅怀　回首拂尘"的独特况味。

　　本序之标题原本是为书名预备的，直到竣稿前还在流连和纠结。最终弃之未用，一觉不够通晓，二嫌略微格涩，尤其"拂尘"二字或会产生歧义。而拂尘恰是本书的写作动机之一，原因在于时代前行的脚步太过匆促，不经意间溅扬的灰尘已厚积在啤酒节的陈年旧事上。此时，或真的需要节日的全程亲历者，以未变的初心和持恒的耐力拂去岁月的积尘，还原其初始的本色，并大致廓清节日进程中的脉络沿革。

　　20世纪90年代以降的30年间，每逢夏秋之交都会隆起对青岛啤酒节的阵阵称赞，既有源自主办方的高调推动，也有来自众媒体的盛情热捧，还有更多随声附和的口口相传。然而，关于节日创立的起始动因、导向的调整转换、内容的填充翻新、会场的增减流转和未来的走向规划，还缺少深层的理论思考和前瞻性的战略研判。再者，不绝于耳的叫好声并未淹没差异性的思考和辨析，无论是学术层面的，还是"草根"情怀的。因此这部拂尘之作的主要功用，就是试图解困单一维度话语标尺下的叙述模式，以免虚夸或窄化了对啤酒节真相的观望和鉴识。

笔者深知，许多年来对啤酒节的回忆和评述驳杂而敏感，有碎片式的零星追忆，有含混式的笼统阐述；有的情结深厚、发自肺腑，有的淡忘畴昔、不言既往；有的不求闻达、未计名利，有的介怀功名、夸饰虚骄。其实，相对啤酒节的雄阔与绵亘，一切个人经历都是过眼烟云。所以，本书力求客观叙述，尽量不具人名，亦不言及是非。相信，盛衰优劣早已被实践一再验证，更何况许多办节的当事人都还健在，都有自己对节日的独到感悟和价值评判。本书意在精心地辑佚和钩沉，力图相对公允和系统地结构一部个性化的节日简史，其重点是对啤酒节往昔路径的分析和今后命运的忖思，而非史料性叙述。同时，作者系聊发一家之言，仅述己见而已，并无任何修正他人观点的意图。这既是写作初衷，也是束心宗旨。

本书奉行"七决"原则：决不道听途说，决不人云亦云，决不厚此薄彼，决不臧否人物，决不文过饰非，决不掠人之美，决不自我标榜。故此，笔者竭力避免文章的公式化或媒体推介的写作范式，也不想如流水账般地平铺直述或做全面翔实的档案记录；只想自个儿沉静地忆念和品味，随性地冥想和返思，力求做到言至机理、融情入味。这样，本书就可较好地呈现自身的节日态度，而不是公共的观念站位。

30年的啤酒节自有多番是非曲直的周折，或激昂，或抑顿；或恋栈，或让渡；或驻守，或迁徙。既有不同承办主体对节日发展主旨的异见，也有个人心胸决定的价值取向之差别，但浩荡前行是总趋势，偶遇波折也很正常。作为个体的我，既保持着与浩荡前行的大势同步，也秉执着清醒独立的关爱立场。也许，有人会对我无间断的执守状态存有误解，但在笔者已然度过花甲之年和佳节已届三十而立的今天，一切都可以实话实说了：虽然办节经历繁富、交集人物众多，但我只有投"节"所好的志趣，并无投"人"所好的技巧。只是暗暗自期、殷殷以盼能与节日相携走得远些、再远些，并尽可能地将一己私怀的热爱与节日宽广的命途协同牵动。因为只有这样，才能持续与节相随并真切

举杯畅怀 回首拂尘

感受它的演进过程，才能拥有独立研判的立场和观点。真实记录和深入研究才是我经久陪伴的本分。

还是那句话，不是我拥有啤酒节，而是啤酒节拥有我。既然如此，看似习惯了自说自话的我，实则早已心属这个盛大节日30年的统领，并在一以贯之的伴随中铸成无怨的热爱和痴迷的心性。

林醒愚
2020年11月

A Toast to the Past

30 years' devotion to the Beer Festival has made me a so-called old head, or an "antique", as some friends joke, though not as valuable. It seems that, after all these years, I am the only one who has stuck with the festival all along from its very first edition. Doubtlessly, time alone cannot produce true passion, nor can a contract secure genuine commitment. Instead, it is the belief within and the perseverance that carries me through the years that have finally spelled out the true meaning of dedication.

When looking back on how it was in years gone by, most people would sigh about the unexpected twists and turns in life. I, however, do not sigh for once about the past. Having the privilege to be part of the Beer Festival, I have done my best to keep the right tempo of work, making sure that I never rush or stumble through things. Throughout the years, no matter if I was drafting plans or I executing them hands on. The former takes some brain-wracking; the latter requires meticulous implementation. But no matter what I do, I always enjoy it. Better still, I feel the ecstasy of the eureka moment when some brilliant idea about what the festival is really about, dawns on me. To me, the Beer Festival is serendipity. It is right there. I am right there. The bond is meant to be. To that I would raise my glass of beer and toast to this unique experience of mine.

The title of this preface was supposed to be the name of the book. Till the last minute I was still dithering. I finally decided to give it up because it seems a little too general and lacks specificity. Still a toast to the past does carry an essential message that I want to convey through the book. Time and tide are transient. So many stories about the Beer Festival that are worth remembering and telling have almost been forgotten. I believe it is time to wipe the dust off the memories and comb through the evolution of the Beer Festival by telling those stories and sharing my thoughts and reflection on them.

In the past three decades since the 1990s, the Beer Festival has been celebrated every August with much fanfare from the organizer and much applause and praise from the media and the public. But there is yet to be some in-depth thinking on the theoretical level and some forward-looking study on its origin, development, changes and adjustments, as well as its future planning. A sound assessment of the event calls for independent thinking and objective analysis, both at an academic level and from an ordinary person's perspective. In this context, I write this piece to try to tell the story from another perspective, so as to give a faithful account of what has happened.

I am well aware that over the years there have been all kinds of comments on the Beer Festival. They are of diverse styles. Some are fragmented; some are in a broad stroke. Some are filled with strong and genuine emotions while others hardly scrap the surface of it. In writing this book, I try to be as objective as possible and avoid mentioning names or making personal judgments. The Beer Festival is there for everyone to make their own observation and comment, especially for those who were once part of it. The purpose of the book is just to look at the history of the festival, take stock of its past approach and explore its future destiny from a personal viewpoint. It is more like a sketch showing the main structure of things rather than a painting with elaborative details. The observations and perspectives in this book are personal, as I write on the principle that I am under no obligation and with no attempt to correct others.

In writing this book, I have avoided   hearsay, repeating what others have said, taking sides, judging others, distorting facts, stealing others' thunder or bragging about myself. The book is neither a promotional piece suited for an official press release nor a full record of what happened. It is about my personal memories, reflections and contemplation. The book, therefore, reflects my personal account, rather than a public record.

Thirty years have witnessed its fair share of ups and downs, insistence and compromise. For the organizer's ideas on the purpose of the event, I may have had my disagreement, which is rooted in the difference in vision and values. But no matter what happens, everyone has to move on, despite occasional setbacks or frustrations. I, as an individual, while trying to keep in step with the prevailing trends of the times, also uphold my own values in an independent and calm manner. People might have some misunderstanding about my untiring enthusiasm. Now that I am more than 60 years old and the Beer Festival is already 30, I cannot think of any reason that would hold me back from calling a spade a spade. Having a lot of opportunities to hobnob with all kinds of people, I never tried to fawn on or pander to anyone in an authoritative or powerful position. My only focus was on the festival itself. I hope to continue to be part of it for as long as possible, so that I can be there witnessing its growth and evolution up close while being able to maintain my own latitude and independence. What I really care about is to record what has happened and study it thoroughly. Only by doing so can I say I did not waste all the years spent on the festival.

The Beer Festival does not belong to me. But it gives me a place where I feel I belong. No matter what I say about it, my words are from the bottom of my heart. To me, the Beer Festival is an old friend, who in the past 30 years always has, and in the future always will have, a very special place in my heart.

Xingyu Lin
November 2020

TABLE OF CONTENTS

目录

第一章

悠长的序曲

岁月·深窖

时空对应：1903年至1985年

【公共记叙】

联合国教科文组织将节日定义为"文化的空间"。沿着这个空间向纵深探寻，穿过30年声色浓烈渲染的显性张扬，回溯百年来啤酒生产史的灿烂历程，或可洞悉啤酒节沉积至深的精神底色，进而抵达由岁月筑砌的文化特质和专属旨趣。世界上所有经久不衰的节日，莫不与所在地的人文积淀交契深厚，而节日兴起和繁盛的缘由大略有三：要么因特色的稀有物产而闻名遐迩，要么因特有的生活方式而为人激赏，要么因特异的文化信仰而流播广远。啤酒节恰是三者兼具的典型代表，既是青岛特色物产衍生的佳节盛会，也是几代人生活方式的传承加持，更是城市百年文化信仰的重要构件。而且，三者在时光的递进中相互浸润、彼此熟化，最终成就了啤酒品牌与城市美誉齐名，盛大节日为城市形象代言——美酒、佳节、靓城——联袂生辉的深长意味和宏丽格局，这种意味和格局在当今中国的节事活动中甚为罕见。

因为，国内少有百余年长盛不衰的世界级品牌，这一卓越品牌的商标名称与所在城市"同姓"的亦不多见。尤其，像青岛、青岛啤酒、青岛国际啤酒节三者形神相济、意境同框，且原发性和承续性地拥有共同城市"姓氏"的事例更是稀缺。故此，对啤酒节的回首和追叙，不能与这座城市及其啤酒生产的历史相疏离，只能从岁月累加的久蓄深酿中去探求非比寻常的欢动情味，从初始文化的持续发酵中去感悟啤酒盛会的独到成因。

青岛的建城史不足130年，其城市形象的构成要件离不开与之大抵同龄的青岛啤酒。纵观岛城早年的种种制作和出产，流传至今且扬名四海的造化之物唯有青岛啤酒。当然，重要的不仅是啤酒与城市相携互助走了多久，而是在漫长的并进中合力砌筑了青岛文化形象最生动的立面——啤酒之城以及城中民众的豪爽性情和达观气质。所以，根究和通晓这座名城本真属性的最佳路径，是沿着或静酌、或鼎沸、或微醺、或沉醉的啤酒足印，去追溯从前的历史，去思酌远阔的憧憬。

史料的价值在于可品读、耐寻味，不仅是精神旨趣的深度沉浸，还有触动感官的浓郁体味。19世纪末的德国，恰好处在踌躇满志欲求海外扩张的时代，作为全球殖民版图迟到的瓜分者，急欲在世界的东方寻找易于建港的落脚点，以便与老牌列强们在亚洲持久抗衡。于是，便有了1897年初冬蓄谋已久的肆意闯入，便有了海外"模范殖民地"的鼎力打造，便有了驻军和侨民的不断涌入，便有了啤酒厂商远涉重洋的投资兴建，便有了百年传世品牌的起始营造，便有了青岛啤酒美名的经久传扬。这就是一部不能再缩略的啤酒由来简史。但事实本身没那么轻松和简单，任何史诗级品牌的功成名就都会伴随艰苦的发轫、卓绝的砥砺和傲娇的登顶。

比如"模范殖民地"，虽无可量化和参照的指标，但构筑高品质的生活必是首要之选。在这片陌生的土地上，除了要修路筑港、建造洋房、耸起教堂和辟设浴场，还要观赏电影、观光郊游、赛马赛车和扬帆海上。青岛的气候条件和自然风光不亚于任何一座德国城市，让殖民者无法长期忍受的不单是远离故土的思乡之情，没有可供畅饮的新鲜啤酒也是一种难挨的折磨。在低温保鲜技术尚未普及的年代，源自欧陆的啤酒要经过三个多月的海运才能抵达，对于口感挑剔的德军官兵而言，远道舶来的啤酒自然口感不佳、吞咽不爽。德国人的日常生活中，啤酒犹如阳光、土壤、空气和水分一样，是不可或缺的五大元素之一，而且远超单纯的生理需求。啤酒从来都不是简单的解渴之物，它蕴涵着精神给养和情趣动能，可有效排遣海外驻军生涯的寂寥，对于年轻军人为主体的群落尤其如此。所以，在其他四大元素都很充盈的情形下，这个"模范之城"首先要补齐的便是产自当地的新鲜啤酒。

相信起初英德商人的海外投资并非完全出于商业动机，而是带有前往远东探路的好奇成分。因为1903年的中国尚处晚清，当时的大多数国人绝不知啤酒为何物，甚至连"啤"这个汉字都未出世。作为中国首家引进当时最先进啤酒生产设备的企业，登州路56号初产的啤酒主要供给驻扎岛城的约2500名德军享用。虽然以工匠精神著称的日耳曼人酿酒品质的起点很高，但2000吨的年产量很难说有远大的市场前景。细算起来即使足量达产，全年平均每日产出还不到5.5吨，若按2500人消费，每人每天不过2升多点，这个量级供给解渴尚且不够，离畅饮更差之甚远，遑论其后翻番追加的兵员与相伴而来的家眷及闻风而至的各国侨民。

德占时期青岛前海远眺

德军乘小船在青岛沿海登陆

德占时期欧洲人在青的休闲生活

青岛啤酒厂建厂初期

首届啤酒节会场

德式风格的青岛啤酒厂老厂房

在青期间德国军人常以啤酒为伴

到酒吧喝酒是紧随殖民者而来的生活方式

青岛啤酒早期使用过的商标

　　让投资商始料未及的是，这家德式啤酒企业在青岛总共才经营了13年，其生产能力远未达至饱和，就因德军战败而于1916年9月被日商收购。更不可思议的是，这个企业几乎平稳地度过了最具动荡感的20世纪——从晚清到德占、日占青岛时期，从北洋政府到民国时期，从中华人民共和国成立再到改革开放新时代。甚至，青岛作为两次世界大战祸及的唯一亚洲城市，这个外资主导的啤酒企业却始终未受战乱的太大影响。包括日军第二次侵占青岛前夕，民国政府曾执行过严酷的焦土政策，啤酒厂亦在炸毁之列，但蹊跷的是这家企业竟未遭毁坏。因而可以毫不夸张地说，无论朝代更迭、战事频仍，还是政权更替、时代焕新，甚或经营者几易其手，人们都无一例外将啤酒作为不可多得的城市瑰宝而敬奉和传承。无论是日耳曼尼亚啤酒厂生产的Tsing-tau、万字牌和鹰牌啤酒，还是日占后生产的"札幌""太阳""福寿"和"麒麟"牌大麦酒，最终都不能改变它的青岛属性，都要属地化地言归正传——回归到"青岛啤酒"的城市光耀之中。

　　岁月激荡而不粗粝，光阴荏苒而无盲区。最初，欧罗巴啤酒高品质的酿制地点多在修道院里，是专供神职人员和部分信众的特殊饮品，因此西方人曾称誉啤酒为"上帝的饮料"。今天也没理由将啤酒视为凡俗之物，尤其当它在百年前与东方的青岛意外际会，很快被神奇地异化为生产它的这片土地上的民族工业之骄傲。在这座成长经历特殊的城市，确应赋予啤酒恰如其分的神圣性和崇高感，甚或以啤酒的登陆肇始及发展脉络来贯穿和诠释城市的命运演进。因为在啤酒与城市传奇般地维系和共情中，不仅能明晰青岛千回百折的艰辛来路，也能开辟与世界精彩对话的未来之旅。

　　啤酒作为特定历史情境下着陆并扎根于此的非凡之作，由于岁月对它的经久打磨及它对岁月的长远陪护，在相互惜爱的依存中同心凝塑了一部光环璀璨的城市史诗。啤酒之于青岛，不是简单的商品概念和物化存在，在近两个甲子的彼此携行中，它已作为城市性格发育的深层诱因，衍生出特征鲜明的人文意趣，化育成情景独具的市井氛围，也为繁衍于斯的百姓定制了达观随性的生活态度。百年过后会惊奇地发现，当一切都随时代境遇和意识形态的激变而翻新或淡忘，唯有青岛啤酒酿就的传世之作依然主旨恒定、章节不紊、阐扬有序。无论思想、主义、阶级，还是制度、政权、党派，抑或殖民者的倒手和经营者的换班，都无法销蚀啤酒通连历史的强劲韧性。当各色人等走马灯般快速移换翻片，各类权属都化作过眼烟云的陈旧遗迹，啤酒，只有啤酒成了打开城市历史之门最灵验的钥匙，进而凝成洞悉和连贯城市命运最清晰的主线，并伴随着这座城市的前尘旧事欢悦轻盈地走到了今天。

遐思百年，渐次通透，使命欣然。正是历久弥新、享誉四海的啤酒，不仅通过味蕾的体验，更凭借意识的接轨与观念的开放，让青岛拥有了凸显形象的鲜明识别性、超然物外的人文价值观、纵横经纬的宏阔国际范。至少，让啤酒不再是洋酒，让城市无法被淡忘，让世界有畅快向往。从这个意义上讲，青岛啤酒对提高城市影响力所做的贡献无论怎么褒奖都不为过。随着时间的推移，人们会愈发感到以往对这个品牌的评价稍显不足，既存在回望中的淡化，也存在现实里的衰减，还存在展望时的短视，甚或迷失于历史虚无和集体无意识的状态中。现今，对事物评价的标尺大都定位在对经济技术指标增幅的丈量上，并未提升到与人文发展指数及民间情怀存续相关联的层面上。也就是说，对产品创新的关注和对经济增量的迷恋，远大于对文化存量及其长远走势的关注。

然而，无法忽略也不容置疑的事实是，如果将青岛所有最具形象张力的品牌都置于城市的原点，然后一齐向四面八方发散，随着辐射半径的不断延长，经过时间和空间的重重过滤后会发现，能够最先并清晰抵达辽远彼岸的，并不是30多年来大行其道的消费电子品牌，也不是近20年来鼎力推出的城市公共品牌（如帆船之都、音乐之岛、影视之城），恰是自20世纪40年代即远销海外的青岛啤酒。正是这一品牌的影响力和美誉度，拓展了国产啤酒在世界啤酒版图中的地盘，也加大了造就它的城市与世界沟通的实力。如果说许多优质品牌都为城市赢得丰厚的物质财富，那么青岛啤酒已不单是物质层面的贡献，它还创造了更优厚的人文质地和口碑积誉——取之不尽、用之不竭的精神奖掖。比如，集城市啤酒文化之大成且广为世人赞叹的青岛国际啤酒节的创生。

的确，在任何时候、任何情况下都不能轻视啤酒在塑造青岛文化品质和市民性情方面的独特作用，不管是经年累月润物无声的熏陶，还是直截了当铿锵酣畅的导引，青岛啤酒都为这座城市孕育了太多的畅饮渴念和民意基础。因此可以自豪地说，啤酒是回望历史、情醉当今、照见未来的一道明亮的光束，它以透射时空又不失柔韧的感性光辉，让人们得以探见啤酒节的精神腹地，既开掘了万民同享的欢乐源泉，也擘画了一座城市的人文品相，成为百年来青岛与世界牵手的形象代言和亲和使者。其不可替代的重要社会功能之一，便是为日后兴盛的青岛国际啤酒节，蕴积了丰富的情感酵母和热爱情愫。

【一己私怀】

22岁前没喝过啤酒，即使已超过法定饮酒年龄。孩提时曾尝过父亲的点滴白酒和一瓶盖的葡萄酒，没觉得酒是生活的美味。对啤酒的初始印象源自少年，是纯粹概念化的

UNTER DEM PROTEKTORATE SR. KÖNIGLICHEN HOHEIT
DES PRINZREGENTEN LUITPOLD VON BAYERN

BAYERISCHE JUBILÄUMS-LANDES-INDUSTRIE-, GEWERBE- UND KUNST-
AUSSTELLUNG · NÜRNBERG 1906 · ALLGEMEINE AUSSTELLUNG

Germania-Brauerei in Tsingtau

die PREIS-MEDAILLE mit dem Grade der „GOLDENEN"

KÖNIGLICHES STAATSMINISTERIUM DES KÖNIGLICHEN HAUSES UND DES ÄUSSERN.

1906年，青岛啤酒荣获慕尼黑啤酒博览会金奖

中国驰名商标

CHINA'S WELL-KNOWN TRADEMARKS

首届"中国驰名商标"（部分商品）消费者评选活动组委会

THE ORGANIZATION COMMITTEE OF THE FIRST
PUBLIC APPRAISAL OF CHINA'S WELL—KNOWN
TRADEMARKS (FOR PART OF COMMODITIES)

浮浅认知，绝无半点舌尖的体味，故难言有什么切肤之感。只晓得自己所在的城市有这么个世界名牌，也大概知道生产它的企业在台东一带，但远不知这个品牌的渊源。几桩与啤酒相关的往事至今萦怀，散记于下。

往事情景一：20世纪70年代初，常去青岛锯材厂找一位比我大7岁的邻居玩耍，他下班后会骑自行车驮我回家。每每骑到延安路大转盘南侧的一处饭店，他就禁不住散啤的诱惑马上支起车子，买上一碗就地站着畅快地咕嘟一番（俗称"喝站碗儿"），他喝过后用手背抹嘴的那个爽劲儿至今犹在眼前。我那时根本不解一碗散啤的风情，不觉得啤酒有多好喝。这个情景不是个例，许多路过的成年人都带着闻香下马的兴味，花钱买酒还要忙不迭地感谢店家，因为不配菜售酒已很给饮者面子。

情景感悟：那个年代不但成瓶的啤酒很难买到，就是散啤也从未全城大范围地敞开供应。人们在饭店聚众请客，不捎带点儿荤素菜肴，店家一般不会供给散啤。可见啤酒之于青岛不是简单的物质存在，甚至曾经也不是用货币可随意买到的商品。它是经过长期的市场紧俏嵌入多代岛城人味蕾的深刻记忆，是不断叠加演化而成的精神稀缺，也是日后啤酒节一举成功的必要社会基础和民情所系。

往事情景二：1983年4月23日是我新婚倒计时的最后一天，这天临近中午时分，为了使自己简朴到仅有一桌的室外"婚宴"倍儿有面子，我骑上自行车去青岛啤酒厂东侧的成品库提酒。酒票是几经折腾得来的，记得是先找我厂供销处的职员向他的处长开口申请，处长又向青啤供销处的处长开口索要，供销处的处长又找分管销售的副厂长批条，拿到批条再回该厂的供销处换来酒票。这个流程让毫无人情练达之功的我彻底犯晕，好在人生只此一婚。这张酒票并非赠票而是照价收费，只是享受了出厂价的待遇，而且还有明确的提货时间限定。成品库门外马路边从不缺少倒卖酒票的贩子。就在我兴冲冲地将酒搬出往自行车货架上捆绑时，一个青年以近乎央求的语气和我商量，能不能把酒按原价卖给他半箱，因为在场的专业贩子只同意高价卖给他。我本能地拒绝了他的奢望，因为这箱酒是托了一串人情、费了老大功夫才到手的。可当他说自己明天也要办婚宴，哪怕只有12瓶青啤上桌也不失体面之时，或恻隐之心瞬间发酵，或成人之美素养已久，最终还是在他的感激不尽中把酒原价卖给了他。有生以来我第一次有了"倒爷"的经历，而且"倒"的是十分紧俏的青岛啤酒。

情景感悟：在商品经济和物质供给不发达的年代，最容易批量地造就"倒爷"，从香烟到啤酒，从自行车到电视机，只要逢着货物供给紧张，必有为利益而出击的奔忙。自己的一次偶然且被动的"倒卖"行为，只是长了些许倒买倒卖的见识，并未带来脑洞大开的幡然启悟。随后的几年，我因工作关系与青岛啤酒厂的多位领导熟识，若活动一下心眼儿倒腾啤酒赚点外快确也不难，然而因骨子里缺乏经商灵气，做生意终究与我无缘。

　　往事情景三：知青下乡回城后，我在青岛纸箱厂就业，该企业在改革开放之前和之后，分别从日本和美国各引进一条纸箱联合生产线，设备的先进性和生产能力在当年国内同行业中首屈一指。很长一段时间青岛啤酒出口所需的包装箱，百分之百由青岛纸箱厂负责提供，所以两个企业的关系也相对密切。这种密切不仅体现在生产配套的供需环节上，也体现在职工福利的层面上。我厂每年两度向青啤申购600余箱啤酒，其中瓶装酒主要作为福利分发给厂里的1200多名职工，罐装酒约百箱左右则存在库中，作为日常联系业务和职工应急之用。为了方便携带和赠送，还专门按照罐装啤酒纸箱的尺寸，定制了一批绿色尼龙绸袋。

　　情景感悟：20世纪80年代计划经济依然盛行，市场调节和配置资源的作用发育迟滞，各级各类审批手续严格烦琐，企业若想在设备技改、厂区扩建、产品转型和质量升级等方面有所作为，不知要跑多少腿，费多大劲。为加快推进工作，厂里外出联系业务往往会带上几箱紧俏的青岛啤酒。再者，我厂专为青啤配套生产出口纸箱，不仅让两个企业关系很近，也让我有更多的机会与青啤发生联系，尤其是与啤酒节的联系，而这种联系改变和定制了我的大半职业生涯——先后30年啤酒节的策划筹办。

20世纪90年代初青岛纸箱厂大门一角

作者在青岛纸箱厂工作期间

第二章

舒缓的广板

酝酿·缘起

时空对应：1986年至1991年

【公共记叙】

　　啤酒节是聚汇青岛精、气、神的鸿篇巨制，它的缘起既不是无厘头的神来之笔，也不是少数人拍脑袋的新奇创意。淬炼生成这部大作的缘由，一是岁月积淀，二是公众期待，三是遐迩认同。换言之，社会各界都对啤酒节的创立怀有殷切的期盼，而多方的不懈努力都对节日的呱呱坠地起到催生助产的作用。

动 议 之 初

　　已知最早提出创办啤酒节的设想，来自一份正式的呈文——1986年青岛市旅游局上报市委市政府的文件《关于加快我市旅游业发展的十条意见》（〔86〕青旅局党字第13号）。显然，这份文件是旅游主管部门对发展旅游事业的综合性意见，既不是单为节事活动的举办而提议，如文件中提及加强旅游资源的规划开发及出台招商引资政策等内容；也不仅只提创办啤酒节一项活动，文中还有举办崂山登山节及开展国际钓鱼和海上体育旅游活动等设想。该建议反映了1985年5月成立的市旅游局，对当时旅游业发展亟欲寻求突破的愿望，尤其指出了青岛旅游资源相对老化、缺少体验性产品等困境。实情的确如此，当时除了前海一线的栈桥、鲁迅公园及崂山风景区等老牌景点，青岛还真的缺少升级换代的旅游大项目，也缺少具有轰动效应的标志性大型节事活动。

　　上报材料中的大部分建议得到上级首肯，但举办啤酒节未获许可的原因大略有五：一是市里主要领导的意见尚不统一，相对保守的意见占主流，节日只能缓办或待机再议；二是作为传统的滨海旅游城市，青岛尚有不菲的老本儿可吃，还未产生加快发展的迫切愿望；三是改革开放初期百废待兴，旅游业在国民经济中的地位无足轻重，整个行业被暂时边缘化不足为怪；四是国内各地政府牵头举办节庆活动的成功案例还不多，缺少示范效应的激励和引领也是出手迟缓的原因之一；五是办节的基础前提是让参节大众开怀痛饮，而青啤出口创汇的任务繁重，无法满足市场供给，本市普通居民只在每年国庆和春节凭票限购，这也是为何直到1991年啤酒节才得以举办的底线因由。1991年春夏之交，青啤二厂已投产多时，预期五年内啤酒的年产能力再增20万吨，数十年来在青岛市场敞开供酒的梦想终于变为现实，而啤酒的足量供应是创办啤酒节必不可少的物质前提。

青岛纸箱厂军乐队庆贺青啤二厂投产，作者在第二排左一吹奏单簧管

2003年9月，作者与杨曾宪（右一）同访德国诺丁根

　　1988年第1期《青岛研究》学刊登载了学者杨曾宪和解建强的署名文章《青岛啤酒与青岛文化》，这是首篇在公开发行的期刊上倡议举办啤酒节的文章。通篇文章不仅展现了学理卓识的预判性，也为城市啤酒文化形制的锻造厘定了妥实的学术凭据。尤为可贵的是，该文从城市人文积淀和品牌弘扬的高度，全面分析了青岛啤酒的社会意义和公共价值及其对青岛近现代文化形成所产生的不可替代的作用。同时文中明确提出了应借助啤酒文化的深远影响力举办啤酒节的设想。

《青岛日报》刊载庆祝青岛建置百年和举办首届啤酒节的庆祝广告

1996年中国青岛对外经济贸易洽谈会开幕现场

《青岛日报》为庆祝青岛建置百年和首届啤酒节举办所做的宣传报道

18

坦而言之，在当时的历史条件下还只是个别部门和少数专家提出了创办啤酒节的动议，之所以是"个别"和"少数"，必有其时代背景决定的复杂社会原因。改革开放前中国实行高度集权的计划经济，节事自然是国家大事，肯定由中央政府按照大一统的原则来统筹安排，各地均无权自主，也不可自娱自乐、自行创办。更有甚者，"文化大革命"期间曾创造连续八年春节不放假的纪录，并以"革命化的春节"来形容和概括之。长此以往，全社会都淡化了节假意识，即使到了改革开放初期，国内也仅有为数不多由国家主导的全域性节庆，如春节、"五一"劳动节、"十一"国庆节。具有首创精神的是洛阳牡丹花会（1983年）、哈尔滨冰雪节（1985年）、吴桥杂技艺术节（1987年）等。随后是大连服装节（1988年）、上海旅游节（1990年）、青岛国际啤酒节（1991年）等。严格而论，30多年前各地尝试办节的大胆举动，就是思想解放之光在节事领域的新鲜投射，是需要胆识和魄力的有为之举。而啤酒节在那个特殊年代的欢然诞生，并以不同凡响的姿容面世，离不开以下机缘的促成和动因的启迪。

动 因 所 在

机缘和动因之一是为再造旅游活力。青岛作为旅游传统名城，20世纪90年代初的处境已显尴尬，原有的旅游产品已陈旧不整，升级换代的新品又一时接续不来，且原有的大都是观光类产品，除了"一山一桥一海沿，两浴两园玩两天"，少有能留住游客深度游憩的景区。创办一个感召力强和体验性好的节事旅游活动，是短时间内加速冲破"瓶颈"的首选。

机缘和动因之二是为经贸活动配套。自1984年始，青岛每年都举办对外经贸洽谈会（以下简称"青洽会"）。为了在办会期间吸引更多中外宾客前来洽商，需要推出具有青岛地方特色的节庆活动与之配套，并以此形成"一会一节"人气互动、相得益彰的氛围。这既是当初创办啤酒节的主要动因，也是首届为什么选择春末夏初举办的原因之一。

机缘和动因之三是为百年城庆喝彩。1990年7月19日市十届人大常委会十七次会议决定，1991年6月青岛建置百年之际要隆重举行系列纪念性活动。百年之城需要搭设纪念和欢庆的舞台，啤酒节恰到好处地在当年6月担当了这个特殊角色。应运而生的节日既是对重要历史节点的回眸关照，也是对改革开放召唤的积极响应，更是对市民情趣之需的极好满足。

机缘和动因之四是受外地节庆活动影响。20世纪80年代后期，国内有多个城市已大张旗鼓地兴办节庆。其中对青岛促动最大的，一是同为北方沿海城市的大连，1988年即创办了服装节；二是同处山东的潍坊，1984年办起的风筝会成了青岛学习取经的对象。倒逼之下，必须尽早做出符合开放前沿之城的节庆动作。

机缘和动因之五是为提振经济助力。当时国内经济出现阶段性的疲软和滑坡，对外开放也受到一定冲击。此时举办全城欢动的大型节庆活动，既有利于凝聚和振奋民心，也有利于刺激经济和拉动内需，尤其有益于减缓境外来华旅游人数锐减的颓势。

机缘和动因之六是为幸福生活点赞。节庆是丰衣足食的产物。至1991年，历经13年改革开放的青岛已显露初步的经济繁荣，民众的生活水平也得到较大改善。当社会物质财富多有积累和人们消费能力不断提高后，必然会呼唤新的精神给养和文化需求，而啤酒节这种文蕴深厚、愉悦身心的庆典形式，恰好提供了大众宣泄感激之情和点赞幸福生活的美好机缘。

求 索 未 止

从1986年行文首倡到1991年节日始创，在长达五年的酝酿期里，市旅游局从未搁置和放弃对举办啤酒节可行性的探索，一直在做着相应的前期筹备工作，包括赴哈尔滨冰雪节和潍坊风筝会考察，学习借鉴外地的办节经验；召集旅游业界的专家学者，对举办啤酒节的初步设想展开研讨；利用出国访问、在国外旅游期刊发文和参加国际旅游交易会的机会，将预备举办啤酒节的消息向日本、泰国、马来西亚等国家和地区广为发布，听取海外主要客源地旅行商对举办啤酒节的反馈意见。甚至，节日名称的探讨酌定、节日徽标的多方征集、境外参节的意向探寻等基础工作，在节日确定要举办之前的三年就已着手。与此同时，积极与外交部、外经贸部、轻工业部、国家旅游局和中国啤酒工业协会等上级沟通汇报，争取国家有关部委对办节的支持。其中，中国啤酒工业协会的领导听取汇报后反应最快，主动提出以协会名义致函全国600多家啤酒厂，邀约它们赴青岛参加啤酒节。

千里之行，始于足下；隆盛佳节，源自初心。啤酒节日后的盛大恢宏和美名远扬，与孕育初始即高点规划和严谨考量密不可分，大量基础性和细节化的推敲必然始于尚未肇创之际。节日的要件通常由名称、时间、地点、标识、主题、节歌和承办主体等构成，啤酒节在亮相前的漫长预备期里，做了不少有益的探索和研酌。

节名——最先拟了五个：青岛国际啤酒博览节、青岛啤酒节、青岛万国啤酒展览会、青岛国际啤酒品饮节、青岛国际啤酒节。经过广泛征求意见和反复斟酌比较，认为前四个都多少存有瑕疵，只有"青岛国际啤酒节"作为节名既中规中矩又名声响亮，且可以面向国内外长期推介使用。因为，"青岛国际啤酒博览节""青岛万国啤酒展览会""青岛国际啤酒品饮节"这三个名字都有啤酒产品展销会的感觉，是啤酒生产行业的专业性聚会，而非以啤酒为媒兴办的全民共享的节日。"青岛啤酒节"作为节名虽然简约，但包容性不足而排他性明显，容易被外界误解为是青岛啤酒厂主办的节日，或是青岛啤酒独家产品的营销节日，这显然与政府主办的城市主题节庆的初衷有悖。为此，在"青岛"与"啤酒"之间设置了"国际"二字，既有利于与展销会及企业办节加以区别，也易于凸显政府办节的宏观主旨。

节徽——设计历时近两年并几易其稿后才终得所愿。为了赶在1989年12月北京国际旅游交易会上推介尚未"出生"的啤酒节，市旅游局委托市工人文化宫的美术师仇德杰设计了一枚节徽。图案核心是孙悟空双手托一只盛满啤酒的大杯，两侧一边是日本动画片铁臂阿童木的形象，一边是美国动画片米老鼠的形象，以此来象征节日的国际性。节徽在交易会展示后产生了一定的反响，但由于图案较为复杂最终弃用。1991年3月，青岛啤酒厂又安排设计了另一幅节徽，因图案与青岛啤酒的商标相似而未被采用。后由市委宣传部外宣处、市旅游局、青岛出版社和青岛啤酒厂，联合组织设计人员创作了一个各方均表满意的节徽，入职青岛人民印刷厂仅两年的年轻设计师王成鹏是节徽的首创者。在第15届啤酒节举办前，沿用了14届的节徽做了微调，主要将居中位置的抽象酒杯（以字母"B"构成），改为一只更具象的酒杯并一直使用至今。同时对色彩和图形也进行了规范，使之对比度更鲜明，整体感更和谐。

时间——对办节时间大多会考虑气候因素的影响，而气候对于季节性鲜明的旅游城市尤为重要。但在几无办节经验的1991年，人们还缺少对天气与节日之间关系的深入考量，之

青岛日报
QINGDAO RIBAO　国内统一刊号·CN37—0029　总第15174号

1991年5月
18
星期六
农历辛未年
四月初五
青岛地区天气预报
天气：少云到多云
风向：西南风偏南北风
风力：5到6级
最高温度：21℃
最低温度：15℃
邮政编码：266001

市府举行新闻发布会宣布
青岛国际啤酒节加紧筹备
节旗、节徽、节歌、吉祥物设计定稿

本报讯 首届青岛国际啤酒节在紧锣密鼓中加紧筹备。昨日的政府新闻通报会上，向全市各界人士介绍将于6月23日开幕的啤酒节各项情况。市政府发言人在会上介绍说，举办青岛啤酒节的主要目的是借助青岛啤酒提高我市的知名度，促进对外开放工作。啤酒节将为社会力量献策，动员全社会力量倾力献策。吉祥物、节徽、节歌和造型的设计已定稿。节徽经过一个月的征集评选，青岛人民印刷厂设计室王成鹏和该厂工会干部...

韩冰二人设计的作品入选。啤酒节节歌定名为《东方韵彩》，由著名作曲家徐沛东作曲、张黎作词，特邀毛阿敏献唱。宏伟壮观的啤酒城的整体设计方案即将公布已经完成，搭建工作将于即将开工。届时，30多个中外厂家的啤酒将荟萃此处。啤酒节期间，还将举行丰富多彩的文化、体育和旅游活动频频亮相。

（本报记者 袁瑞玲）

所以定在6月23日开幕（啤酒节史上开幕最早的一届），更多的是为了与"青洽会"同期互动。然而这个时段青岛还未真正入夏，气温还远未达到人们饮酒纳凉的程度。加之当时青岛的交通抵达性较差，宾客住宿的接待能力有限，往往是外地游客进不来，来了也住不下，想走又出不去，这使节日拉动青岛旅游的成效被打了折扣。与首届啤酒节6月份开幕相比，第2届啤酒节在举办时间上走了另一个极端，开幕时间拖后近3个月，于中秋时节的9月20日至10月3日举办（啤酒节史上开幕最晚的一届）。但此时青岛的天气已经转凉且多风多雨，时间上既不是啤酒消费指数的高点，也不是旅游的旺季。有了前两届的经验积累和规律把握，从第3届开始啤酒节的开幕时间便基本选在7月下旬至8月中旬。

后话前说。时间标注了特殊事件的规定性意义，特殊事件也强调了时间不可更改的特性。举办时间是节之要义，有人提出城市之庆也当立法为全市公共假期。这方面国内已有多个城市做了有益尝试，青岛本应走在前列。啤酒节全市放假一天之说由来已久，最早的提议出现在20年前。如存在法律方面的障碍，至少可以考虑调休一天。这有利于节日形象坐标的长久矗立，也有助于强化市民的节日记忆和对外宣传营销的点位恒定。

地点——首届啤酒节选址中山公园，第2届至3届安排在汇泉广场，是各方较为一致的意见。其一是空间条件决定的。青岛老城区主要分布在前海一线，山海城相融的形貌决定了很难找到大片的平敞之地。当时中山公园西南侧的老动物园已迁至园内的北片区，恰好有大片空地可做节日会场。再者，考虑这里人流量大、环境优美，也便于厂家搭建篷屋、展示形象。其二是历史积淀形成的。中山公园在德占时期即是植物试验场，日占时期又改名旭公园，1921年后改为中山公园，公众的熟识度极高。其三是地理位置决定的。未实施东部大开发之前，汇泉广场处于主城区的边缘，因此不会成为新老城区之间的"卡脖子"地段。其四是惯性决定的。汇泉广场和中山公园一带自青岛开埠就是举办活动的热选之地，既有20世纪初叶德占时期的跑马场，也有1933年夏季第17届华北运动会，还有1934年冬季第1届青岛国际化妆溜冰大会。另外，这里政治烙印的留痕也较深，1945年10月日本投降仪式在此举行。改革开放后这里的节事活动也较多，包括中山公园春季的赏樱游园会、夏季的灯会、秋季的菊展等。所以必要的空间和久远的惯性，让这里成了青岛大型集会活动的不二之选，前三届啤酒节举办地选择于此实属必然。第2届和第3届啤酒节迁往邻近的汇泉广场举办还另有原因，一是为了保护中山公园内遍布花木的生态环境，二是因进出中山公园要收门票，这不符合节日不设门槛、与民同乐的指导思想。

1933年7月，第17届华北运动会在
汇泉湾畔的青岛市体育场举行

1945年10月，日军投降仪式在汇泉跑马场举行

20世纪80年代中山公园春季游园会

主题——首届啤酒节还没有创作主题语的意识，是以标语口号来替代的。如一定要发掘或指认的话，只有"青岛啤酒连接着友谊与合作"一句比较恰当。首先，将"青岛啤酒"放置句首是实至名归的优选。节日是以闻名中外的青岛啤酒为由头来兴办的，青岛啤酒厂又是首届唯一的牵头承办单位；其次，"连接着友谊与合作"道出了当初节日的指导思想："以啤酒为龙头……达到繁荣经济、交流文化、发展旅游、促进开放的目的"；再次，回味"青岛啤酒连接着友谊与合作"的昔时语境，仍能感觉到它鲜活、开放的律动还在绵延，与十年后确立的"青岛与世界干杯"的节日主题，有极强的意境延续感并且内涵吻合。应该说，前者是后者的预言篇，后者是前者的升级版；前者为后者做了成功铺垫，后者是跨世纪及中国加入WTO背景下的鼎新之作。

节歌——首届啤酒节的节歌很优美，从歌名到歌词，从乐曲到演唱（毛阿敏未到场，在北京录制），都洋溢着对城市优雅风韵的赞美。尽管歌词中既未提到"酒"，也没涉及"醉"，但听后确有令人陶醉的感受。不过这首歌也有未达节日情态之处，美感有余而欢动不足，其创作基点更偏向于青岛建置百年的城庆氛围，而非专注于啤酒节的热烈情状，歌名下的副标题"献给青岛的歌"或可表明创作时锁定的对象是城市而非节日。为了在优美之外再增添浓郁的酒香，张藜和徐沛东又专门创作了一首更欢快的《青岛啤酒花》（解晓东、解晓卫兄弟演唱），并在首届啤酒节期间与节歌《东方翡翠》联袂推出。

24

承办——青岛啤酒厂成为首届啤酒节的承办主体，是时代局限性与阶段合理性的共同产物。一是该企业对以啤酒为题兴办的节日自带流量，且是不乏市场营销观念的宏大流量，同时，对啤酒滋生和孕育的企业精神及衍生的城市文化也有较高的传导能力；二是青啤是当时国内同业中的翘楚，对业内具有很强的号召力，青岛啤酒厂可方便地邀请国内同行参加啤酒节；三是该企业技术合作的对象包括不少欧美国家，也不缺少与慕尼黑啤酒同行们交流的机会，因此能及时获取举办啤酒节的相关信息；四是作为青岛为数不多的出口型企业，若青啤在海外的大批经销商能来参节，对于渴望扩大对外开放的青岛是难得的机遇；五是那时青啤这等大厂并非单纯的生产型企业，而是各项功能较为完备的"小社会"，也聚集了各类文艺人才，这对于筹办大型节日至关重要；六是当时为节庆活动拨付财政专款的先例不多，所以政府也乐于将承办权交给有资金筹集能力并有办节积极性的大企业。

雏 形 借 鉴

众所周知，啤酒是以舶来品的身份登临青岛，青岛的啤酒节在世界最知名的四大啤酒节事中创办得最晚，但其起步时的表现形态，与慕尼黑啤酒节颇为相近。原因之一是，德国曾以殖民的形式统治青岛，且在17年的时光里为这座成长发育期的城市植入了非常"德系"的生活调性；原因之二是，青岛与慕尼黑在啤酒方面渊源深厚，1903年青岛啤酒厂初建时的酿酒工艺技术多半取自慕尼黑，青岛啤酒的首个国际大奖也来自慕尼黑啤酒博览会；原因之三是，青岛是参照慕尼黑啤酒节的模式创办了自己的啤酒节，这种借鉴式的参照并非直接仿照，因为承办者手中只有几张慕尼黑啤酒节的黑白照片可供参考。可以肯定地说，首届啤酒节的筹办团队中，无一人是策办节庆活动的专家，也无一人专程赴慕尼黑学习考察。有限的几张照片也并非办节人为存留节日资料而刻意拍摄，而是早先青啤厂派赴德国研学的一位副厂长和几位技术人员在慕尼黑学习期间参观啤酒节时的顺带留影。

慕尼黑啤酒节的盛大热烈是以开阔平坦的特蕾莎广场为前提的，总面积为630亩；而青岛中山公园老动物园旧址上临时辟设的啤酒城，占地不过135亩，且既不方正也不规则，还有不少树木和建筑散布其间。客观地说，园内除了绿地、花圃和道路，可供搭建篷屋的场地十分有限，在短时间内做出符合办节条件的整体规划和场地布局，并设计搭设出31座总面积为6000平方米的篷屋，难度可想而知。再者，那座临时搭建的啤酒城只能运营8天，如此短暂的闪耀让承办方似乎也不舍得大手笔地擘画和大投入地营建。规划设计那座临时啤酒城的重任，落在毕业于中央工艺美院的年轻设计师于鲁民身上。一揽子设计包括场地整体布局图、啤酒篷屋效果图、院内景观小品图、公园大门装饰图、巡游彩车设计图等。设计历时三个月之久，将沉寂多年的园区一角勾画成啤酒欢腾之城，也为节日镌刻了初生时的美学记忆。

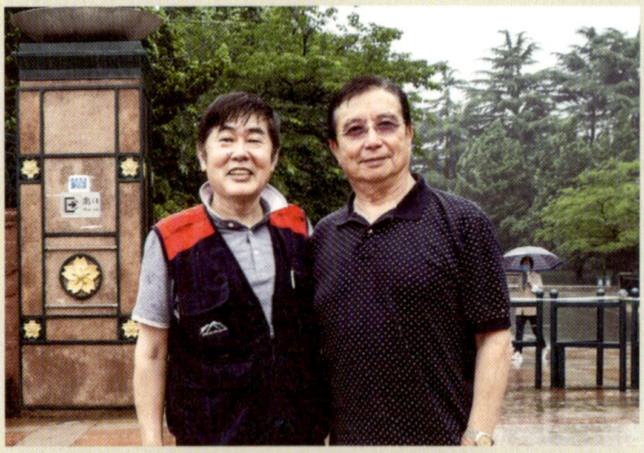

作者（左）与首届啤酒节主要策划人王德枋

首届啤酒节会场鸟瞰

作者（左）与首届啤酒节啤酒城及大门设计师于鲁民

第四版 1991年6月23日 星期日 青岛日报

热烈祝贺首届青岛国际啤酒节开幕

主办：青岛市人民政府 承办：青岛啤酒厂

协办：青岛市旅游局 青岛市经济委员会 青岛市对外经济贸易委员会 青岛市城乡建设委员会 青岛市对外宣传办公室 青岛市财贸办公室 青岛市外事办公室 青岛市侨务办公室 青岛市对台工作办公室 青岛市文化局 青岛市商业局 青岛市公安局 青岛市财政局 青岛市公用事业总公司 青岛市税务局 青岛市工商行政管理局 青岛市物价局 青岛市电业局 青岛市园林绿化管理局 青岛市环境卫生管理局 青岛市教育局 青岛市总工会 青岛市体育运动委员会

首届青岛国际啤酒节参展国家、地区及单位

参展国家：美国、日本、德国、新加坡、加拿大 参展地区：香港

青岛市人民政府文件

青政发〔1991〕69号

青岛市人民政府
关于印发首届青岛国际啤酒节
工作方案的通知

各市、区人民政府，市政府各部门，市直各单位：

现将《首届青岛国际啤酒节工作方案》印发给你们，望遵照执行。

一九九一年三月十六日

— 1 —

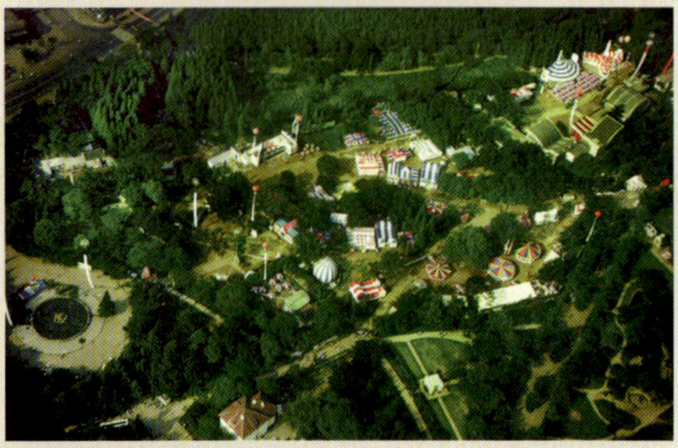

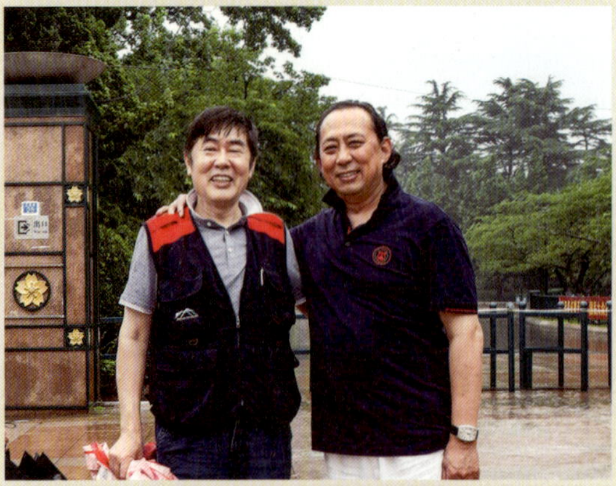

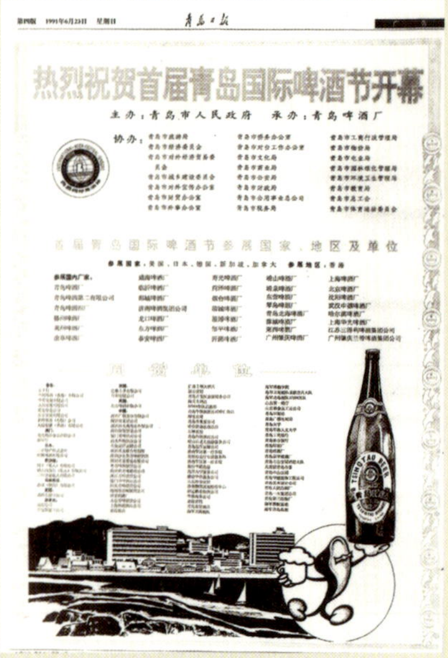

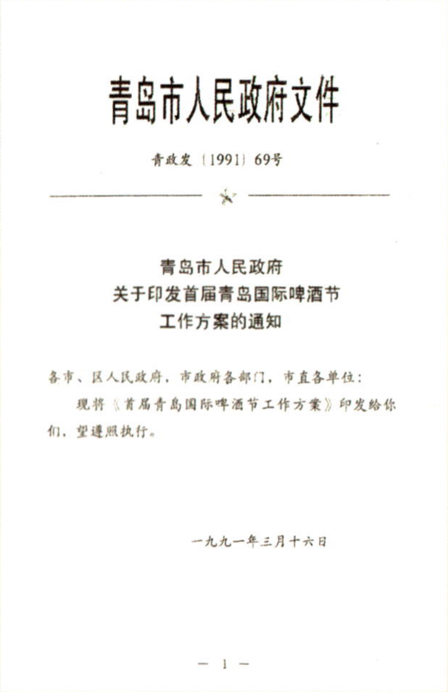

经过近五年的考察调研和分析论证后，集合了各方意见且几经修改和完善的首届啤酒节方案终于出台。1991年3月16日，市政府印发了《首届青岛国际啤酒节工作方案》。1991年6月23日上午10时30分，由青岛市政府主办、青岛啤酒厂承办、青岛市旅游局等部门和单位协办的首届青岛国际啤酒节，在中山公园南大门隆重启幕。

不得不说，啤酒节的创办不是简单的娱乐话题，而是那个时代面对的政治答卷，需要用开放的精神和创新的勇气来一举破题。从1986年开始策划酝酿到五年后才艰辛面世的长时间磨砺，即可知晓破题之不易。今天创办节日根本不需要多年研讨和几经反复，因为新兴节事雨后春笋般涌现已是普遍的社会现象。但当年却需要慎之又慎，尤其酒类节事更需多几番思量。尽管历时五年之久，还是应当庆幸1991年的创举式兴办，至少在国内连续举办届数最多的啤酒节中，青岛创办的时间最早，若再延宕一年就会与燕京啤酒节在创立年份上平起平坐了。

【一己私怀】

往事情景一： 1991年5月4日上午，我去厂财务处办好一张6万元的支票后，与所在企业的主要领导一道去青岛啤酒厂走访，意在对其承办首届啤酒节从精神上支持和财力上赞助。许多与青啤厂有协作关系的单位也都纷纷借机慷慨解囊、资助办节，并以此维系和加深与青啤厂的友好合作关系。为了确定具体数额以便各单位能均衡赞助，我事先与青岛印刷厂、人民印刷厂等企业厂办进行了沟通和协商，各厂都觉得赞助6万元较为适度。首先"6"是个吉祥数，说出口顺溜儿，也有希望青啤厂顺利办节的寓意；其次6万元在那时不是小数，拿出手既不显寒酸也不算夸张。在该厂技检大楼一层的贵宾接待室，双方寒暄一阵后，青啤厂的领导言辞恳切地说："办啤酒节我们不缺钱、缺人，如果你厂有材料写得好的可以借过来帮忙。"我们厂长毫不犹豫地将我做了顺水人情："小林很能写材料，明天就来帮忙。"就这样一番简短而客套的对话，决定了我随后的半生走向，也锚定了我一生挚爱的啤酒节梦想。

情景感悟： 这段往事揭示了一个日后久久不能完满解答的话题——节日的市场化。第10届啤酒节曾宣称"首次实现了政府财政的零投入"，其实这一说法有误。因为啤酒节真正意义上的市场化是第1届，前提是节日由青岛啤酒厂这家企业负责承办。更正之词可以是："第10届是政府承办啤酒节以来首次实现对财政资金的零暂借和零投入"。

往事情景二： 1991年5月20日，距首届啤酒节开幕还有33天的时间，我正式去位于青岛啤酒厂综合办公楼六楼的节日筹备组报到。此前的半个月，为了尽早进入工作状态，我有空就去筹备组帮忙并了解节日筹备的进展情况。6月4日以青啤厂为主的筹备组整体迁至黄海饭店办公后，随着市里牵头的筹备班子规模的扩大和人数的增多，青啤厂负担工作午餐的压力也日渐加重，终于有一天不再提供集体午餐。市里许多参与筹备的部门和单位都表示了不满，配合青啤办节的热情也很受影响，但节日毕竟由市政府主办，人们自有大局意识，不会为一顿午饭让工作停摆。

　　情景感悟：上述事件一方面反映出当时政府机关的待遇与企业相比差别不大，无论公车配备还是中午伙食水平都未必好于企业，甚至一些上午来开会的还要坐公交车赶回单位吃饭；另一方面，间接说明了当时物质生活水平普遍不高，因而才会对被取消了午餐产生较强烈的反应。

30年后的2020年6月23日，多位首届啤酒节的筹办人员在中山公园门口合影留念

第三章

青涩的慢板

发轫·初尝

时空对应：第1届至3届

【公共记叙】

　　1991年的6月23日，周日。这个开启啤酒节历史的特殊日子，距1891年6月14日青岛建置100年零9天。这天是农历夏至的次日，可青岛之夏并未随日历上的规定如期而至，这正是青岛作为避暑胜地的优势所在。让市民们在凉爽宜人的氛围中感到阵阵炽热的，恰是酝酿已久的青岛国际啤酒节盛大开幕的消息。开幕当日上午9时15分，由彩车和巡游方队组成的大队人马由当时的湛山宾馆门口始发，沿香港西路（其时为湛流干路）一路浩荡向西行进，穿过中山公园门前后继续巡游，依次又途经文登路、莱阳路、太平路、中山路、胶州路、热河路，最后抵达终点市第二体育场，全程约8.3千米。以大巡游为节日拉开序幕的做法与慕尼黑啤酒节极为相近，只是后者从未放弃这一传统，而我们这30届时断时续、未成惯例。另外，两者的巡游距离也相差不多，慕尼黑是7千米左右，因为他们是马拉花车或步行表演走完全程，所以总耗时需要大约3个半小时。

　　关于首届啤酒节的概述，官方资料是这样记载的："五彩缤纷、构思巧妙的啤酒城搭建在绿荫掩映的中山公园。来自全国各地的36个啤酒生产厂商携酒进城参展（省内26家，省外10家），日本、美国、加拿大、德国、新加坡等国和中国香港地区的啤酒厂或代理商参加了展销和交流，30多万游客涌进啤酒城参加饮酒和娱乐活动。啤酒节期间举行了中外啤酒饮料技术讲座与交流、时装表演、文艺晚会、海上风光游览等活动。"

发 轫 艰 难

普通公众早已在节前通过报纸、广播和电视以及披红挂绿的户外氛围营造，得知啤酒节将于何时何地举办，但很少有人知晓三个多月来紧张忙乱甚或时有纷争的筹备内幕。紧张在于，从市里正式发文到节日开幕只有不足百日，而且从参与办节的政府工作人员到企业抽调人员，筹备班子里没人完整地策办过大型节事活动；忙乱在于，经验明显不足，预判能力不强，综合考量不够，例如，在节日开幕的前夜，发生了向园中酒城供水的地下自来水管爆裂的情形。节日开幕当天早晨的现场，还有参节国国旗挂错顺序的外事失礼（未按英文字母正确排序）；纷争在于，一是负责全权承办的企业与诸多参与协办的政府部门，在办节理念及行事方式上出现错位和失调，二是众多省内外参节啤酒企业各有不同的市场诉求，在行业协会召集下来为青啤厂承办的节日捧场，确有为人作嫁的心有不甘。彼时青岛啤酒在国内确有行业"老大"的地位，作为啤酒节的东道主在园中搭建的篷屋面积最大，位置居中适合。而外地啤酒企业的篷屋面积普遍较小，位置也不太理想，加之参节公众对品饮外地啤酒的兴趣不浓，使不少厂家产生了受冷遇感和失落感。这也是为什么随后几届啤酒节除青啤厂和崂啤厂之外，鲜有省内或国内的啤酒企业欣然前来参节的原因。

客观地说，由于天时、地利、人和的多重因素决定，青啤厂在其后多届啤酒节中篷屋搭建的面积，也均为同期参节厂商之最。如1994年在崂山区啤酒城内搭建的硬顶大篷为3680平方米，1997年青啤宫建成后用于办节的面积近3000平方米。即使到了第29届，青啤厂在黄岛区金沙滩啤酒城中的两座大篷的面积相加依然为城中之首（5000平方米）。任何一个优质品牌都不愿在自己的主场甘居人下，百年青啤更是如此。

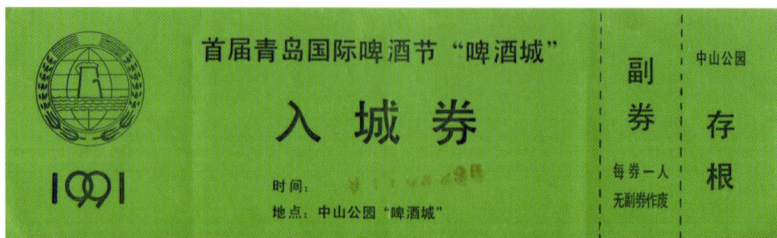

尽管筹备期间历经不少困难曲折，但首度登场的啤酒节仍获得超预期的巨大成功。显著标志是：其一，在国内率先以啤酒为主题创办了大型节庆活动，这在那个年代具有非凡的领创意义。此前各地的节事大都是观赏类的题材，如花卉、风筝、冰雪、杂技、

服装，缺少酒类节事的体验和欢动性。其二，市旅游局前期围绕举办啤酒节开展的大量公关活动频频奏效，引起国内外旅游界对青岛的关注和期待。例如，在节日还未举办前的半年，国家旅游局于1991年初就将青岛国际啤酒节列为"国家民族民间节庆活动系列"。全国进入这一系列的共94项，山东仅5项，青岛独占2项（另一为海云庵糖球会）。将尚未创生的节日名列其中，可见国家旅游主管部门对青岛这个啤酒节的期望值有多高。其三，30多万名市民和游客在8天的时间里涌入园中酒城畅饮，共消费啤酒17000箱，约257吨。这不仅创造了青岛节事活动人气指数的最高纪录，也是对岛城民众节庆参与意识的积极唤醒，且由此一发不可"止盈"，成了日后每年一度不可缺席的狂欢期盼。其四，青岛首次以节日的形式搭建起与世界交流的宏阔平台——青岛啤酒的海外代理商悉数前来，参加青洽会的海外客商入园参节，海外各大旅行社的代表来此洽商——成为青岛最具国际范儿的节庆事件营销，打开了青岛旅游业海外游客比重加速攀升的通道。其五，确立了城市的个性形象和文化质地，为城市存续了88年的啤酒文化平添了浓墨重彩的一笔，巩固了青岛作为亚洲知名度最高的啤酒之城的卓然地位。

33

国外游客参加首届啤酒节

初 试 不 易

节日筹办期间先后有两个办公地点：一是前期以青岛啤酒厂相关人员为核心班底，吸收青岛纸箱厂、青岛印刷厂等协作单位选派人员组成的筹备小班子，在登州路56号啤酒厂院内综合办公楼的六层办公；二是市里牵头的啤酒节筹备大班子拉起来后，以青啤厂为主的筹备组搬至黄海饭店东配楼的三楼办公。因青啤厂作为生产型和出口型企业，外来人员频繁进出不太方便，厂内一时也提供不了足量的办公用房，厂区院内外来单位停车也是难题。黄海饭店隶属市机关事务局，对提供房间用于政府办节责无旁贷。再就是这里距节日会场很近，步行不到十分钟即可抵达，显然有利于节日筹办期间的指挥调度和现场管理。

实情就是这样，在大型节事活动策划组织经验不足且缺少样板指导和参考资料的前提下，青岛啤酒厂几乎以一己之力托起一座城市的主题节日。即使30年过后，参与首届筹办的青啤厂当事人面对媒体采访，依然对当时异常紧张和忙碌的情形难以忘怀，感慨万千地诉说着当年极度艰辛的磨难式经历。因此，完全没有任何理由责备首届啤酒节的差池，却有足够的理由宽谅彼时的遗憾。多年后回望和反思，确实不应将城市大型主题节日交由企业全权承办，国内其他城市节事活动的经验教训也证明了上述观点。由此可以推断，青啤厂当时所处的境况绝非孤例，参照系缺失的前提下不走点弯路儿无可能。

虽然只承办了首届啤酒节，但不难看出青啤人对其永存的眷恋，多位参与筹办的人员在日后接受媒体采访时，都表达了对初创的自豪与怀念。从保存至今的一摞摞活动策划方案，到珍藏如新的一篇篇手抄的节歌歌谱；从对曾经付出超常精力和体能筹办节日的慨叹，到对节日原创的一些文化成果未能形成传统的遗憾，无不透露着他们对节日发轫之年极其深挚的情感。在首届啤酒节开幕一周年之际，青啤厂还开展了带有纪念色彩的系列活动。例如，在贮水山儿童公园的康乐宫举办了欢庆晚会，厂里的主要领导登台再度表达了对啤酒节的万千感慨，也对支持青啤厂承办首届啤酒节的单位逐一致谢。

用今天的标准衡量首届啤酒节，自然会发现不少稚嫩之处，但正如无法用完美来形容初生的婴儿一样，在当初的历史条件和认知水平下，即使生涩地交上了不尽圆满的答卷，首度开篇的啤酒节还是展现出百姓喜爱的佳节雏形、举城欢庆的盛事基调和邀约世界的曼妙初音。同时，首届啤酒节的举办是城市大型主题节庆的破题，因为此前青岛还未有符合城市个性且万众热切响应的大型节庆活动，对它的首创价值和成功意义应予以充分肯定。

34

作者在首届啤酒节烟台啤酒篷屋前

作者（右三）在庆祝首届啤酒节一周年活动现场

2010年6月，寻迹首届啤酒节烟台啤酒篷屋搭建处

可圈可点

不经意间，首届啤酒节还创下多项节日之最。比如举办日期最早，是迄今唯一在上半年举办的啤酒节，也是举办时间最短的两届之一。尽管与青洽会的"捆绑"使气温不太给力，可毕竟首届举办心里没底，总觉着"一节一会"可以互为依托、相得益彰，并未个性化地为啤酒节量身定制合适的举办时间。又如参节厂家最多，且是名副其实的啤酒生产企业，不同于后来多为厂商或代理商的概念。省内的啤酒厂悉数参加，国内也有几个知名啤酒企业前来捧场，共40多家。再如"政府主导、市场运作"这个口号，是近40年来国内节庆活动的标配，喊了这么久能真正实现的不多，青岛啤酒厂承办的首届啤酒节毫无水分地做到了，所投入的近300万元全部是企业自有或自筹资金。资料显示，其后由政府部门接手承办的多届啤酒节，每届都有50万元左右的财政补贴或预借资金用于办节。

首届啤酒节中没有独立的国外啤酒品牌篷屋的身影，因那时国外酒商正在观望中国市场。再者，中山公园内老动物园旧址片区的场地空间有限，加之大多都是首次异地参节，厂家普遍存在"试水"的心理，所以除青啤外，各处篷屋的规模均不大，远不能与现今动辄几千平方米的大篷相比。而且搭建的质量、装饰的样式和亮化的水平，也受材料和工期所限（整座啤酒城搭建只用了26天），并无太多别致优美的造型和华丽耀眼的光彩。总体看去，酒城的篷屋以钢结构或建筑脚手架为骨干，蒙上彩色防雨绸布再装个简易门头的居多。

中山公园是啤酒节的首个孵化之地，这座百年老园当初面对啤酒节这个新生事物确有些不适。尤其是在较为密集的园林景致之间遍布临时搭建的篷屋，必定会"小兴土

首届啤酒节现场

木"地做些水电铺设、装饰安装之类的工程，难免让公园主管部门担心设施受损。除了人流骤增、夜间开放、植被损坏、环境侵扰等影响，门票管理和收入分配也成了难题。在青啤厂提出给予25万元的场地使用和门票损失补偿后（含水电费用、花木修复等），市园林局和中山公园管理处仍难接受，因为这些补偿难以抵消园区为配合啤酒节举办的大量付出。组委会领导开现场协调会时强调，啤酒节是全市的大事，各部门和单位都应尽其所能做出贡献。如果园林局和中山公园不同意，那就在节日会场就近处另开一门，各走各路、各卖各票。从节日的宏观主旨出发，公园主管部门最终接受了最初的补偿标准，同时也接受了一票通用、节园共享的现实。

部门利益是具有天然合理性的常态存在，更何况人们对首届啤酒节带来的损益情况尚在未知中，对企业挑头承办的节日更是如此，甚至有相当一部分人对啤酒节的认识还处于"卖酒的节日"这一初级阶段。但当这个节日第三度举办时，它的底气和张力得以充分彰显，早于啤酒节四年创办的青岛之夏艺术节和始于1979年的中山公园灯会，都主动加盟成为啤酒节的活动板块；在随后的多届啤酒节中，中山公园也都积极申请作为啤酒节的分会场。

需特别记叙的是，首届青岛国际啤酒节的总体调性和基本形态，与慕尼黑啤酒节确有几分神似，无论是开启啤酒的方式，还是载歌载舞的巡游；无论是篷内的文艺表演，还是参节游人的酣畅心情。只是举办时间较短，节日体量尚小，参与人数偏少，因此称之为微缩版的慕尼黑啤酒节较为恰当。确实如此，节日既有对慕尼黑啤酒节有模有样的形式借鉴，也在起步阶段就预支了30年后与西方最大的酒类节事在体量上的等量齐观，至少实现了量级意义上的全面超越。

作者在首届啤酒节筹备期间

经 验 启 示

　　首届啤酒节有三点重要经验启示。第一，当时体制下将城市大型主题节庆完全交由企业承办的做法欠妥。这不是企业有无行业优势和办节热情的问题，也不是企业人才多少和能力大小的问题，而是企业不具备政府职能来统筹社会资源、协调各方助力办节。作为全民共享的啤酒节恰恰需要政府职能部门的通力合作，也需要相关社会资源的高效聚集与合力保障。即便拥有200多年历史的慕尼黑啤酒节，牵头主办的也是该市的劳工和经济部。节日举办得成功与否不仅取决于策划水平和融资能力，还要看节日的管理运营水准和公众评价高低，进而是看城市办节的宏观意图能否得以实现。后来的实践可以反证上述观点，从第2届开始直到现在，啤酒节再未交由任何一家企业来全权承办。

　　第二，既是运动员也是裁判员的做法存有先天缺陷。虽然青啤厂是那个时代的行业领军企业，也具有极强的号召力和话语权，但啤酒节代表一座城市的文化度量和开放形象，其承办事务由一家企业来负责难免会出现公平失序的状态。问题的关键是，其他参节啤酒企业在节中成了配角，会令其产生不适。青啤厂可以是参节主体，甚至可以是东道主，但作为运筹节日的主体并不合适。综观近40年来各地标志性的大型节事，由一家企业来全权承办的案例确不多见。其根源或许是彼此无意中价值判断的错位——举办啤酒节的本质动机是营销城市和引动旅游，而不是单纯市场行为的企业推介或售卖啤酒。

　　第三，啤酒是颇具倾销潜力的商品，众多外来啤酒厂商参节对当地啤酒企业是明显的市场威胁；节日不似展会，啤酒节也不是啤酒博览会，省内和国内的啤酒生产厂家踊跃来青参节（而不是参展），或许是一种与市场需求相悖的行为，这也是慕尼黑啤酒节从不吸纳该市以外的啤酒企业参节的重要原因。另一方面，每个啤酒企业的市场定位都不同，如果对青岛市场没有铺货的想法，单单为了参节凑热闹来陪青岛啤酒站台，显然不是长远之计。

　　概而言之，首届啤酒节是在试办观念支配下临时上马的，根本来不及对节日做出必要的近中期规划，这就不可避免地存在预见性不足带来的种种缺憾，这也是国内新兴节事活动在初创期都会面对的共性难题。

　　将前三届视为发轫和初办阶段，符合客观史实和对节日成长段位的合理概括。首先，三届的举办地点都安排在老市区，或中山公园或汇泉广场；其次，都存在某种程度的章法失序和路径摸索，这是初办阶段经验积累的过程；最后，都是在临时辟设的场地举办，节日还未找到长期安身立命之所。因此说，"起始于艰难的耕耘，初尝了青涩的胜果"是接近于前三届真实历史境况的总结。

接 手 传 递

其实，在首届啤酒节尚未闭幕之时，就已有来年的啤酒节将交由市旅游局承办的议论。为此，在组委会任职的市旅游局工作人员已按局领导要求，在首届举办期间就着手收集相关资料以备来年之用。1991年7月10日啤酒节闭幕后的第十天，《青岛日报》头版就以"尽快提出第二届举办方案，加强对外宣传——市府要求继续办好啤酒节"为标题，概括报道了市政府对来年办节的要求和思路，但未提及第2届交由哪个部门或单位具体承办。当年的12月28日，市旅游局经过多次修改的第2届啤酒节活动方案渐近成熟，随后向市委常委会做了汇报。市委的主要意见是"应当继续办下去"，并原则上确定第2届的举办日期安排在1992年9月下旬。市旅游局承办下届的意愿比较执著，因首届啤酒节总结的重要经验之一是：节日的承办重任不宜再交给企业，应由政府相关部门担当。市旅游局作为啤酒节创办最早的倡导者和践行者，接手该节的承办权正是其履行分内职责的使命所在。

从首届闭幕到第2届开幕相隔446天，是节日30届举办史上间隔时日最长的。关于第2届啤酒节迟迟未能推出且成为迄今开幕最晚的一届，原因是多重的。一是天气因素。9月下旬办节可免受台风的袭扰。汇泉广场的地理位置紧邻海边，在户外搭建啤酒篷屋必须考虑抗风的因素。二是为延伸旅游季节。通常8月过后就会渐入旅游淡季，啤酒节延后举办是拉长旅游旺季的有意而为。三是弱势部门挑头难。市旅游局人员编制少，统筹能力弱，协调全市性大活动的难度可以想见。四是招商招展任务艰巨。由于首届参节厂家有陪跑的"怨气"，二度来捧场的可能性不大，更何况市旅游局在啤酒行业的"腕力"远不及青啤厂。五是缺少市场主导权。旅游局作为政府部门，本身的行政经费有限，也不像青啤厂拥有上下游众多配套企业，可一呼百应地筹措到办节赞助资金。

利 好 因 素

第2届的办节大环境多了意外的利好因素——邓小平视察南方谈话后呈现的良好经济发展态势，这恰是首届啤酒节所缺乏的。所以第2届啤酒节不仅节日本身通过市场运作收益实现了较大盈余，而且各类经贸活动接二连三，签约成交收益可观。以下文字和数

作者在第2届啤酒节青岛啤酒篷屋前

作者（左一）在第2届啤酒节期间向国外游客敬酒

第2届啤酒节开幕式上的巡游方队

据来自大众媒体的汇总："第2届啤酒节为期14天，节日的主会场设在汇泉广场，分会场设在第一海水浴场沙滩。87辆装饰一新的彩车驶过三十里长街，汇泉湾海面举行了大型水上帆板、摩托艇、舰船表演。节日期间举办的名优新特产品展销订货会吸引了大量客商，成交额达2.8亿元。经济技术协作洽谈会吸引了2000多项科技新成果与会，签订合同112项，成交额5000万元。14天的啤酒节，共有近百万人次参加了相关活动。"

第2届啤酒节取得的成绩与拖后举办的时间因素也有关系。9月下旬至10月初举办，既有利于与首届拉开时间，抵消啤酒厂家招商存在的负面影响，也有利于吸纳和聚合"十一"国庆节的参节人气；同时，有助于更好地延续良好经济发展态势的发酵效应，使节日赢得更好的回报。以场地安排为例，另辟第一海水浴场（以下简称"一浴"）沙滩东侧的部分更衣室作为分会场，系因汇泉广场的南广场已盛放不下众多参节厂商。尽管那届啤酒企业来得不多，可非啤酒行业的商家却不少。主会场撑面子、担大纲的三家是青岛啤酒、崂山啤酒和中美合资伦司啤酒，饰演配角的首推青岛啤酒第二有限公司（青岛啤酒二厂）别致的啤酒小木屋，还有我市其他规模较小的啤酒生产企业以及来自烟台、光州、菏泽、沂水和武汉的啤酒厂，只是各厂商参节的积极性已逊于首届。

应说明的是，媒体所称的百万之众参节是统算加估算，并非专指节日主会场接待市民和游客的人次，而是包括了与主会场一路之隔的"一浴"分会场及市内其他展馆或会场安排的经贸洽谈和科技展会活动。还有个不容忽略的前提是，那届啤酒节不收门票才引得参节者众多，而不收门票就意味着无法准确统计。参节人次百万量级是个不低的门槛，啤酒节确切地跨上这个高度是五年后的第7届。节日晚些办也不全是利好，毕竟时至秋后天气转凉，对以晚间室外为主的啤酒消费自然影响较大。

第3届啤酒节仍由市旅游局承办，节日的整体形象和影响力明显提升。印象最深的有三大亮点。一是汇泉广场上演了以"东方翡翠"为主题的开幕式文艺晚会，搭设了可供5000人观演的看台，参加演出人员3000多位，创造了岛城当时史上规模最大的室外广场搭台演出的恢宏场景。二是以"一浴"沙滩为主要观赏地点，青岛首次举办了海上大型焰火表演，并赋予其色调浪漫的主题——"情系青岛"。当晚汇泉湾沿岸的情形用"倾城出动、万民空巷"来形容并不为过。三是百威作为首个来青参节的国外啤酒厂家，在城中搭建了200平方米的啤酒篷屋，并以美国乡村风味摇滚乐队的动感演出，尽展其品牌形象的激情与张力。而此前两届国外啤酒品牌都是代销行为或小规模参展。媒体对这届啤酒节有以下评述："来自十多个国家和地区的近30个啤酒和啤酒设备生产厂商的代表参节，美国百威、新加坡虎牌、日本麒麟、菲律宾生力、荷兰汉尼根等啤酒与国内的各种啤酒荟萃一城。节日期间，举办了多种类型的研讨会、交流会、并成立了青岛市啤酒工业协会。"

成 功 要 素

第3届啤酒节的成功离不开三大要素支撑。首先，经验积累更多，实施更趋合理。在总结前两届得失的基础上，这届的方案制定较为科学严谨，现场的运行管理也比较规范有序。其次，气温条件适度，有利因素众多。8月中下旬啤酒消费正处高峰期，也是外地游客来青的高峰时段，又逢学生暑假，人流撑起了节日热闹的气场。再次，思想更加解放，创意大胆新奇。如室外大型开幕晚会、海上烟火表演等，打破了过去办节空间想象力的束缚，成为提升啤酒节魅力的全新看点。

第3届啤酒节期间举杯狂欢的人们

青岛市人民政府办公厅文件

青政办发〔1993〕64号

★

青岛市人民政府办公厅
关于印发第三届青岛国际啤酒节
活动方案的通知

各市、区人民政府，市政府各部门，市直各单位：

市政府原则同意第三届青岛国际啤酒节组织委员会制订的《第三届青岛国际啤酒节活动方案》印发给你们，望认真贯彻执行。

办好第三届青岛国际啤酒节，对于扩大我市对外开放，促进科技、经贸交流和旅游事业的更大发展具有重要意义。

1

【一己私怀】

往事情景一：首届啤酒节的筹备班子并非草搭而成，至少在组织结构上还算合理。我在班子里担任简报组组长兼秘书组成员，主要职责是起草每日的工作简报，记得最繁忙时一天要写出三期。为了提高简报印发的效率，我又向所在企业申请了两位骨干来援助，来后主要负责节日信息收集和简报打字。我还申请将厂里唯一的一台先进的四通打字机搬到组委会使用，申请一经提出厂领导当即表示同意，因为支持筹办啤酒节是青啤厂也是全市的大事。当然也有潜在的因素，纸箱厂虽有200多个业务客户，每年大约有600万元的经营利润，但利润中的60%来自青岛啤酒厂这一重点客户。

情景感悟：那些年缺少大规模聚会性的娱乐活动，啤酒节成为全市关注的焦点实属必然，青岛纸箱厂因与青啤有特殊的配套关系，所以对节日举办的关注力度就超乎寻常，而我也自然成了这种关注的执行者和受益者。换言之，如果没有两个企业当年的业务关系，就没有之后30年我的啤酒节从业生涯。

往事情景二：除了写简报，距节日开幕还有20多天时筹备班子领导又交给我一项新任务，起草开幕式上的市长致词和文艺晚会上青岛啤酒厂的厂长致词。那时我的文笔功力很是单薄，写本企业的文稿尚且费劲，写市领导的讲话更是力不从心。一是搞不清给高层领导写材料的路数，二是对节日的开幕式致词儿无概念，三是没有任何可供借鉴和参照的材料。可重任在肩又不能推辞或认怂，我只好硬着头皮开了一宿夜车，第二天将两篇稿子当着筹备组成员们的面念了一下，大家的感觉是写得"挺有文采"。呈交市里后的反馈则是"好是好，就是太浪漫了"。开幕式当天我在现场仔细听了市长的致词，讲稿中还残存了点我草稿中特有的"浪漫"，绝大部分内容已换成类似形势报告的中规中矩。开幕式晚会上的厂长致词还算幸运，有些句子一字未改，有些段落被完整采用，算是得到些许安慰和成就感。

情景感悟：有两点颇值得回味。其一，我当时根本不具备起草市级领导讲话材料的水平，单靠花拳绣腿的文笔描述远远不够，不仅政治高度欠缺，理论水平有限，对青岛经济社会发展的大势也不甚明了；其二，那个年代领导讲话材料的刻板之风依然残存，属于节日特有的语言表述系统还未能形成。以本人给市领导起草致词为例，首届啤酒节起草的开幕式致词近乎弃用，第9届编印节日画册时草拟的市长致词原稿照用。前后不到十年时间，写作者的水平有了一些提高，但也折射出时代的进步、思想的解放和领导讲话文风的转变。

作者在首届啤酒节筹备办公室（黄海饭店东配楼）

首届青岛国际啤酒节
领导小组办公室成员及职责

办公室主任：　毕于岩
办公室副主任：　林志伟、程衍俊

一、秘书组
组　　长：　林志伟（兼）
副组长：　韩跃星　葛宝伟　单保宣
成　　员：　郭林　打字员一人
　　　　　林醒愚　外办
　　　　　刘云　司机二人
　　秘书组的主要职责是：负责各项活动的协调、情况的汇报和交流，当好办公室领导的助手和参谋，以保证各项活动方案的顺利实施。
　　秘书组下设会务组、简报组。
会务组：　组长：　葛宝伟
　　1、开幕式、闭幕式的方案起草及组织实施；
　　2、制订市政府招待酒会的方案并组织实施；
　　3、雕塑揭幕仪式的方案起草及组织实施；
　　4、制订首场文艺晚会工作方案并组织实施；

　　5、以市政府名义组织的活动票务分配的制订与实施；
　　6、组织设计各场次活动的请柬、入场券。

简报组：　组长：林醒愚
　　1、负责领导讲话、会议纪要的起草、简报、信息的汇总、起草与交流。
　　2、负责啤酒节活动的总结；
　　3、负责各种文字材料的审核；
　　4、啤酒节领导小组印章的管理和使用、各类文件的保存、归类、归档。
　　5、办公室领导临时交给的其他工作。

二、接待组
组　　长：　刘江云
副组长：　宋可希
成　　员：　李宁　经贸委　　侨办

主要职责：　协调有关部门的关系，做好啤酒节期间的接待工作。

—1—　　　　　　　　　　　—2—

第2届啤酒节开幕式

青岛国际啤酒节大型文艺晚会

入场券

第二届青岛国际啤酒节组委会　主办
青岛市文化局
青岛市广告协会　承办
青岛市广告业务所
山东省文化艺术实业公司

中外合作　青岛高丽酒家有限公司

潘美辰在第2届啤酒节文艺晚会上

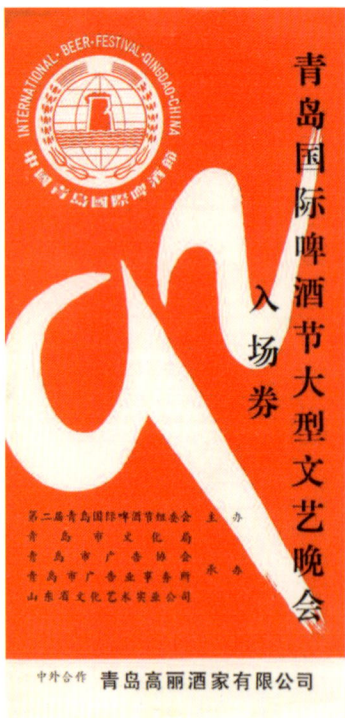

第2届啤酒节文艺晚会工作车辆

44

往事情景三：前三届啤酒节都在市体育馆安排了文艺晚会，而且都不只安排一场（首届啤酒节安排了三个夜场、一个下午场共四场），因为体育馆6000多的座席远远满足不了观众需求，算是一票难求吧。那是晚会盛行和追星之风乍起的年代，所谓"是节不是节，晚会都不缺"。赵忠祥和孙晓梅主持了首届啤酒节文艺晚会，我作为筹备班子成员分到一张赠票观看了演出，亲见了央视著名主持人赵忠祥及平时只在电视里见过的一干明星。不过，那台晚会我最关心的是青啤厂领导的致词，听听那篇我写的文稿能保留多少内容，反倒对节目表演兴趣不大。开幕式当天的晚会上，孙晓梅的主持风格是与平日风格相同的一甜到底，赵忠祥的主持还是一如既往的从容大方。

之后两届啤酒节文艺晚会印象最深的也不是演出节目本身，而是"潘美辰领衔主演""姜育恒倾情加盟"之类港台味道十足的前期宣传用语，对随后本人文章写作的风格有一定诱导作用。另外，大造声势的晚会门票营销广告，多少地启蒙了我的追星念头，不过仅是一时之念，绝无心动情痴。说起港台风词汇袭来造成的不适应，还有一段令人忍俊不禁的趣闻在此分享。当年创刊的《青岛晚报》在刊登第2届啤酒节晚会的推票广告时，曾将"潘美辰领衔主演"错刊成"领街主演"，估计报社工作人员也对"领衔"一词倍感陌生，本能地认为"领街"才是正确的表述。一时间售票中心的电话被打爆了，市民们纷纷致电询问"潘美辰在哪条街领街演唱"，因为在大街上观看一般都是免费的。在昔日的笑柄与今日的怀想之间，或可更多地感受南风渐进的鲜明时代印记。

第2届啤酒节文艺晚会颇值一赞的是它的运作形式，首开青岛大型文艺晚会完全市场化运作的先河。之所以能做到领风气之先，一是与当时市委主要领导公开表态"晚会不搞招待券，一张也不搞，我带头不要"有关；二是与青岛市广告协会发挥行业优势，创意性地通过各类媒体包装推广有关，让潘美辰的独唱音乐会与啤酒节的广泛影响力融为一体、彼此受益，产生了较强的社会轰动效应；三是为晚会筹措资金而向银行贷款40万元，是岛城银行业为短期单一性节庆活动贷款的先例。

情景感悟：从1989年底建成到2004年2月拆除，位于汇泉广场显要位置的市体育馆只存在了不到十五年，这在世界大型体育馆的短命史中应该名列前茅了。要知道，这里曾承接了四届啤酒节的文艺晚会，凝铸了深深的节日印记。15年的时光这里上演了多少精彩热烈，承载了多少欢乐情怀，包括本人参与策划的第6届啤酒节文艺晚会、1998年樱花之旅文艺晚会和青岛啤酒百年庆典大会。综观近40年来的城改城建，城市发展了，但个别老建筑的被拆都是经典的永逝，令人遗憾，因为那些建筑正是城市特定历史事件的记录者和诉说者。由此想到果戈理的名言，"当歌曲和传说已缄默时，只有建筑还在诉说"。可叹的是，如今未有几人还能认真聆听或听懂经典的诉说……

往事情景四：第3届啤酒节闭幕当夜近11点，市旅游局在位于八大关内函谷关路17号的百乐门大酒店，宴请节日筹备一线的工作人员。市旅游局主持晚宴的领导在开始敬酒前看我坐在距主桌最远的一席，连忙把我招呼到同桌就座。第一杯酒先敬负责节日现场治安的公安干警，第二杯酒单独敬我，并表扬道："醒愚干事扎实、能独当一面，欢迎你来旅游局工作。"这句话我只当是酬谢外单位帮忙人员时的客气，还真没即刻产生调往机关工作的想法，加之在厂办的工作环境还不错，企业的福利待遇也挺好。随后厂里发生的几件事促使我有了调离的想法。一是在没征求本人意见甚至未接到通知的前提下，就决定把我调离厂长办公室，提拔到企业管理处任主持工作的副处长；二是啤酒节筹办结束还没等回厂报到就接到通知，让我作为第一批干部下车间参加为期三个月的体力劳动。这两件事接连而至，成为我决心调离纸箱厂的动因之一。

调往市旅游局并非单一选择，此前我还去过几家合资或独资外企投简历和面试，有的经过几轮选拔几近被录用，有的在等待最后的遴选。或许是冥冥中与啤酒节有不解之缘，正在我犹豫再三、踌躇不已之时，一个简单而坚实的想法占了主导。旅游局虽然是小单位，但啤酒节是大舞台，这是纸箱厂和那些在青注册不久的外企难以企及的。

情景感悟：作为啤酒节最早的志愿者，前三届我都是以志愿者身份参与节日的筹办，而且都对啤酒节的举办发挥了力所能及的作用。首届啤酒节我在组委会办公室秘书组和简报组任职，做了点无关大局的笔墨奉献；第2届在组委会办公室虽无任何职位，但也协调厂里支援组委会一辆客货两用车；第3届在组委会办公室综合处帮忙，动员厂里赞助组委会10万元制作了6200只尼龙革手提袋。三届下来，尽管与节日承办单位市旅游局上下都挺熟络，可从未谋划借机进入机关工作，甚至对办节常设机构已获批之事一无所知。后来发生的事情证明，调到市旅游局工作确与三年的志愿奉献有关，第3届啤酒节结束当晚宴会答谢时的邀约也并非客套，而是真心的建议和允诺；随后近30年与啤酒节的深度交集，也证明了最初的决定无悔一生。我不太赞成"选择比努力更重要"的说法，却也承认选择从事啤酒节的策办工作是我个人命运转折的契机。如果说前几届啤酒节还带有志愿或业余帮忙的性质，那么调到市旅游局工作后，就是真正以职业身份来从事节庆的筹办了，而且几成终身职业。

青岛纸箱厂生产车间

第四章

顺势的柔板

东进·嬗变

时空对应：第4届至6届

【公共记叙】

前三届啤酒节的成功举办，为节日的后续发展创造了良好的社会基础和前景预期，随后的三届啤酒节又经历了更多向好的变化——办节场地由西向东之变，办节机构由临时向常设之变，办节方式由"城、节不分"向"城、节分离"之变，承办单位由市旅游局向崂山区政府之变。

场 地 解 困

前三届啤酒节最大的困顿在于场地的临时性和局促性，年复一年的节前临建和节后拆除，必然形成每年都凑付应对的观点和做法。同时，大拆大建造成的资财浪费以及十天半月后就将一座美化装饰的酒城夷为平地的情景，必然导致公众不良的视觉感受和心理落差，也会消散人们对节日的情感维系和追捧喜爱。因此，在首届啤酒节结束后媒体总结式的报道中，就提出了建设"永久性啤酒城"的动议；第2届结束后不久，已开始探求于何时何地建设那座承载啤酒文化的城池，并将节日每年固定在那里举办，以此来稳稳地锚定参节公众的向往和热爱。

除了上述指导思想，还有四个因素加快推动了辟建固定办节场所的步伐：一是1992年批复建立的石老人国家旅游度假区缺乏旅游大项目的拉动和支撑；二是啤酒节的规模必将逐年扩大，老市区已无处寻觅与节日膨胀系数匹配的合适场地；三是1992年启动的青岛东部大开发已初现成效，但缺少牵引人们视线向东的热点活动，而啤酒节的东迁是青岛政治中心东移的必然伴随状态；四是汇泉广场一带作为连接东、西两大城区的重要节点，继续安排大型活动势必造成交通梗阻现象。因此，啤酒节固定办节场所的确定和第4届啤酒节在崂山区的啤酒城举办，具有里程碑式的重大意义，它意味着这个节日从此结束了"居无定所"的迁徙状态，拥有了相对安稳的适宜"家园"。而且，这种家的感觉和氛围延续了18年，成为啤酒节从弱小走向成熟的坚实"襁褓"，是其在物理空间上与国内同类节会相较足以傲视同侪的重要条件。

青岛国际啤酒城最早的招商册

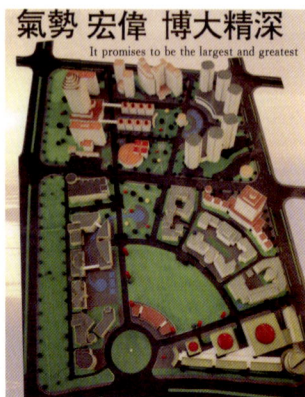

啤酒城最初的蓝图

基于此，第3届啤酒节甫一结束，市政府决定立即着手青岛国际啤酒城的开发建设，地点选在石老人国家旅游度假区内一处面积为34.5公顷的地块（后确准为崂山区香港东路195号，占地22.77万平方米），并要求务必在第4届啤酒节时投入使用。该地块位于当时湛流干路以北，李山路与李山东路之间，可见当初那一带尚处在开发的初级阶段，现路名已分别改为香港东路、海尔路、深圳路。湛流干路就是湛山村至流清河之间的主干路，李山路就是李村到山东头之间的道路。

市旅游局心系节事、行动迅速，踏着城市东进的快节奏，提早委托同济大学建筑与城市规划学院展开设计，于1993年9月就拿出啤酒城的整体规划，这也是啤酒城建造史上的第一轮规划。与后来的几轮规划相比，最初的规划最接近啤酒之城的理想追求，也最符合啤酒节的需求定位。其后20多年的多轮规划和改造，都很难避免被商业和市场观念左右，啤酒城反倒成了名不符实的概念借助。

啤酒城建设被列入当年青岛市政府重大项目中的A级，并明确了政府不投资的原则，由市旅游局牵头招商融资。经过不懈努力，市旅游局终于启动了啤酒城的开发建设。1993年12月11日，青岛国际啤酒城的规划通过评审，仅仅13天后的12月24日，青岛国际啤酒城隆重奠基。1994年8月14日，啤酒城一期完工投入使用，除了开幕式在两个月前刚落成的市政府办公大楼门前广场举行，第4届啤酒节11天的主体活动都安排在竣工不久的啤酒城举办。新场地主要位于啤酒城的南片区，可用面积200余亩，相当于前三届啤酒节场地面积之和。节日的最终成果也为东迁之举做了最好的注脚——在公交车不多和私家车罕见的年代，在这个距市南区汇泉广场15千米之遥、多数市民还比较陌生的东部新天地，参节人次首次达到50万，比上届增长了6.4%。

在2011年未做商业改造之前，啤酒城已作为青岛新的城市坐标广为市民和游客熟知。这座仅有23年城龄的年轻酒城，也为青岛百年啤酒文化的传承弘扬，为每届啤酒盛会的激情绽放，提供了不可多得的宏大平台和厚实载体。若没有市旅游局当初锲而不舍的奋斗，很难想象啤酒节能有日后的红火。27年前青岛市政府和国家旅游局决心辟建的啤酒城项目，不仅在当时引发了不小的轰动，而今仍是人们记忆中无法磨灭的壮举。

常 设 机 构

第4届啤酒节顺利举办还有个重要的组织前提，那就是1993年5月成立了节日的常设机构——青岛国际啤酒节办公室，这也是青岛市政府机关编制史上首个获批的专职办节机构。有了这个办公室，啤酒节的筹备就是连贯性和常态化的，不用再年年匆忙上马、紧张应付，不用再每年都临时抽调和拼凑人员办节，也不会再出现节日资料不完整或档案散落的现象。总之，这个机构为啤酒节的长远发展、为办节人员专业化水平的提高以及为节日无形资产的积蓄和管理都提供了可能。

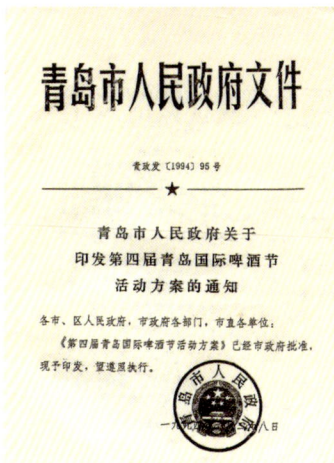

作者在第4届啤酒节期间

第4届啤酒节开幕式在新落成的市委市政府办公大楼前
广场举行

啤酒城作为二度举办啤酒节的会场，因资金投入不足至第5届时形象未有太大改观。开幕式未安排任何大型演出活动，只是在中心舞台采取剪彩的方式为节日拉开帷幕。节日期间城中的15场晚会，也以群众性的文娱表演为主。因市民和游客对啤酒城已不再陌生，参节人数也明显高于上届。本届啤酒节提出"民办公助"的模式，这在当时国内节庆活动中具有领先意义，也为日后节日全面的市场化运作奠定了思想基础。同时，第5届啤酒节还提出了"市民节"的先进理念，是国内较早为自己如此定性的节日。这是时任青岛市委书记在视察啤酒城时，有感于市民的热情参与而提出的新概念。后来，媒体将第14届啤酒节的"市民节"定位说成"首次"，确实有误。

与此同时，相关部门围绕啤酒节的承办思路和实施路径也有不同意见，这为日后的"城、节分离"埋下了伏笔。因为旅游局是市政府的职能部门，虽然办节的积极性很高，但涉及在市内四区以外的大面积地块办节，还是存在"水土不服"的问题。而且旅游局不是一级政府，在协调相关部门和单位方面存在先天不足，力度明显不够。所以总体上讲，第5届啤酒节只是上一届的简单延续和提升，办节水准未有实质性的大幅跃升。

城、节分离

第6届啤酒节的最大调整和变化是节日架构的"城、节分离"，即啤酒节与啤酒城在形式上暂相分离，成了两个彼此关涉又相对独立的运作系统。啤酒节"组委会"自上届已变为"指导委员会"，这届指导委员会的办公室仍设在市旅游局，由该局牵头负责整个节日的宏观指导和综合协调，崂山区政府（名义上为石老人国家旅游度假区管委

第5届啤酒节期间啤酒节一角

第六届青岛
国际啤酒节闭幕式焰火晚会
FIREWORKS EVENING OF THE CLOSING CEREMONY
THE 6TH QINGDAO INTERNATIONAL BEER FESTIVAL
通行证

55

第6届啤酒节主会场啤酒城开幕场景

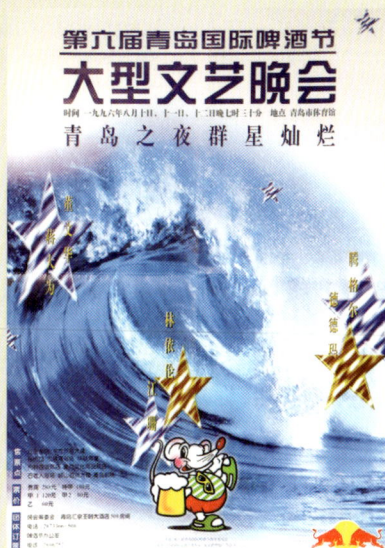

第6届啤酒节大型文艺晚会海报

第6届啤酒节期间，2000人同饮同一品牌啤酒盛况

参加第6届啤酒节的啤酒品牌旗阵

会）则负责啤酒城会场内各项活动的筹办。"组委会"变"指导委员会"虽几字之差，却决定了节日的指导机构与会场承办单位已分为两个体系，实际上主会场啤酒城已由崂山区政府负责。

"城、节分离"是市里在无奈中采取的权宜之计，也是个折中又迟滞的决定，因为从1996年4月22日崂山区成立啤酒城活动领导小组，到节日8月10日开幕，还剩不到四个月的时间，而崂山区对啤酒节筹办的具体事务尚有大片空白地带。上至市里各部门和单位的配合，下到吉祥物和节徽等基础资料的准备；无论啤酒厂家的招商，还是广告业务的承揽；不管开幕式的筹备，还是单体活动的安排，大都从零开始。当时还在主会场外的其他区市又设置了多处分会场，各承办单位之间既有合作办节的需求，也存在一定的竞争关系。

市旅游局在啤酒城会场已倾注两年多的心血和汗水，突然失去该会场的承办权，让当初的"开拓者"们心里一时难以接受。为了填补这种失落感，与崂山区主会场啤酒城比肩，市旅游局先后开辟或支持即墨田横岛度假村、市南汇泉广场、四方区青岛市文化公园、崂山区石老人浴场设置了四个正式的啤酒节分会场，还应允了三九大酒店、华美达酒店作为小型的分会场开展活动，并同意了一批文体、经贸和展会活动作为啤酒节外围的挂名活动，一口气设置了远近大小共九处与啤酒节相关的活动场所。同时，还安排了在市里主要街道举行彩车艺术巡游，在市体育馆举行三场大型文艺晚会，在小青岛湾举办闭幕式海上焰火晚会。由此形成了多点布局、全面开花、与东部崂山区的主会场分力竞彩的态势。凡此种种，都说明第6届啤酒节是变革甚大的一届，是节日在过渡期从紧张中开始到忙乱中结束的一届。

统观前六届啤酒节，在不断变革的跌宕中必会激起多重兴奋或几许蹉跎，说节日在探索中浩荡前行是总趋势，说早先曾命途多舛也不为过，因为这座城市此前就没有举城狂欢的节庆先例，自会缺少精准的预期和熟练的应对。仅以啤酒节的领导组织体系为例，时而是领导小组，时而是组委会；时而是指导委员会，时而是指挥部系统，可见起步之初的六届仍处在探寻之路上。

媒 体 评 述

媒体对第4届啤酒节做了这般总结概括：国内外16个啤酒厂商，在由豪情四溢的主题雕塑、设计不凡的露天舞台、气势磅礴的啤酒广场、风格迥异的啤酒城堡和令人耳目一新的啤酒屋组成的啤酒城安营扎寨，美国百威、德国尔丁、日本麒麟、菲律宾生力和丹麦嘉士伯等40种啤酒品牌，洋洋大观，令人目不暇接。城内安排了丰富多彩的文化娱乐活动，美国安海斯不希公司专程带来全美六大摇滚乐队之一的贝克劳斯乐队，进行了"百威之夜"专场演出（该乐队的首次亚洲之行就选择了青岛国际啤酒节）。节日期间，组委会办公室还与前来参节的德国巴伐利亚州政府经济交通部的代表签署了《关于支持和加强啤酒文化合作与经验交流的意向书》，东西方两个最大的啤酒节从此揭开了携手合作的序幕。

需要补缀的是，在第4届啤酒节组委会接待慕尼黑啤酒节代表团的计划中，商谈两节缔结为"姊妹节"的相关事宜却无果而终。原因或许有三，一是慕尼黑啤酒节对外一向奉行"不结盟"的策略，二是代表团的成员此前没有得到签约的授权，三是成长中的青岛国际啤酒节还很稚嫩，无论文化积淀还是体量规模都不具备与慕尼黑平起平坐的实力。

媒体对第5届啤酒节的描述如下："1995年8月12日至26日，经过一年多建设的啤酒城已成为融品酒、餐饮、购物、游玩、观赏、娱乐于一体的大型综合活动场所，也是青岛东部崛起的最大的旅游景观。啤酒节加大了文化注入，丰富了节日内涵，增加了游客的参与性。国内外21个啤酒厂商参加了本届啤酒节，除非洲以外的世界各大洲的近百种品牌的啤酒在节日期间亮相。15天共吸引近60万市民和游客入城参节。节日期间还举办了青岛之夏洛阳灯会、青岛之夏艺术节、全国沙滩排球邀请赛、中国象棋名人邀请赛等丰富多彩的文体活动。1995年山东（青岛）旅游交易会和1995年青岛国际玩具礼品展等大型经贸活动也在此期间推出。"

以下是主会场啤酒城指挥部对第6届啤酒节所做的总结评价："本届啤酒节首次由青岛石老人国家旅游度假区管委会承办。啤酒节期间涌入啤酒城的游客达93万人次，共有包括丹麦嘉士伯、英国T牌、美国红带王、南非威王等29个国内外啤酒厂商或代理商参节，76个品牌的啤酒在啤酒城内展销，共销售啤酒310吨。本届啤酒节着力加大文化内涵，使啤酒城内的文化、娱乐、体育活动创下空前规模。16天中，城内广场大舞台的文艺演出产生轰动效应，每场观众都达4万人至5万人。2000人共饮同一品牌啤酒的壮观场景，以"最多人次同饮啤酒"的名目，被载入上海大世界吉尼斯之最。节日期间共组织各项文体活动522项、文艺演出111场。本届啤酒节水平之高、规模之大、种类之多、参节人数之众是啤酒节历史上空前的。"

需要说明的是，上述评价未包括市旅游局承办的相关活动，也未对除崂山区以外的任何会场加以评述。

59

第4届啤酒节拟与慕尼黑啤酒节缔结姊妹节的文件

美国贝克劳斯摇滚乐队在第4届啤酒节开幕式上演出

《青岛日报》对青岛国际啤酒城奠基的预告

1993年12月24日，青岛国际啤酒城举行奠基典礼

【一己私怀】

往事情景一：招商引资是那个年代政府部门的要务之一，对成立较晚、根基不厚的市旅游局更是如此。我去旅游局报道后的首份工作就是招商，对象是全国的800余家啤酒厂，目的是吸引它们参加第4届啤酒节。在网络尚未面世的年代，通过长途电话联系既有语言沟通的困难，也有费用太高不划算的问题，所以只好通过信函"一对一"地与国内各地的啤酒厂联络。记得单是信封就写了近千枚，硬笔书法倒是派上了用场，但回复效果很不理想，多数都石沉大海，个别回复的也以婉拒为主。不得已局里又出新招，在临近春节前兵分两路驱车到省内主要啤酒生产厂家拜访式招商。那是一趟幸福与艰苦同在的省内啤酒厂家之旅。我与啤酒城的负责人同路，紧赶慢赶来回用了7天，按行程顺序依次赶赴烟台、威海、滨州、济南、济宁和泰安，共去了6个城市，拜访了13家啤酒生产企业。幸福的是不用在局机关天天趴桌子写信封了，或是三天两头各类会议不断；艰苦体现在一路奔波、马不停蹄，且每到一城都被当地啤酒厂的热情掀翻，不把酒量发挥到极致无以离席。多年后才明白，"好客山东"品牌的横空出世和广受认同，确有雄厚的社会基础和民情氛围。

情景感悟：啤酒行业的门槛确实不高，20世纪80年代后期以乡镇企业为主力的投资者纷纷看好这个行业。而今，曾以近千家啤酒厂为豪的国内啤酒行业，当年处处繁花的景象早已不复存在，原因系早年人们对该产业的特点了解不深。一则啤酒是规模经济，达不到足够的产量就无法摊销成本，也不可能撑起广阔的市场生存空间；二则啤酒是胜者通吃，靠品牌一统天下。许多小厂在交通和信息欠发达的年代，尚可在当地及周边市场苟延，随着信息及物流的不断改善便会在外来品牌的挤压下难以为继。国内啤酒行业经过20多年的品牌扩张和收购兼并，目前为数不多的几强争雄格局才是符合该行业发展特性的应有之态。

往事情景二：1993年12月中旬我接到策划实施青岛国际啤酒城奠基活动的任务，这是调到旅游局后操盘的第一项较大的仪式性活动。从活动方案策划到仪式器具外租，从锣鼓乐队邀请到现场装饰布置，我对每个环节都细之又细地设想和把控，唯恐这项意义非凡的奠基活动出现纰漏。那时的石老人一带还略显偏远，12月24日上午天气清冷、冬阳蒙眬，啤酒城周边建筑稀少，苍茫空旷，奠基活动就选在一片已无人垦种的近似沼泽的闲地上举办。提前扎好的龙门架竖在场地正中，除了门架上方的横幅会标，架子两端立柱原本可以不写内容，但我觉得没有竖幅标语衬托，不足以表达开拓者们的满腔热血和美好展望，也

61

不足以表现出我对啤酒节的情感和创意。于是，我创作了一副对联式的标语："今朝隆冬时节挥汗荒原破土，明日众志成城笑迎四海宾朋。"如今看来，那副对联只能算作工地上临时的标语口号，远远够不着工整、对仗的边际。20多年后再看奠基现场的留影，最先让我凝神的是"典礼"而非"仪式"，这两字透出了啤酒城奠基的隆重性和开创性，是全市上下都关注的一场仪式。而"荒原"二字源自啤酒城起步之初那一带公认的荒凉。

情景感悟： 那是个激情澎湃的年代，我也处在干事创业的年龄。其时，机关与企业的界限并不分明，尽管已调到机关工作了一段时间，可并无所谓的"身份感"，也从没把自己当干部看待，还像在企业一样逢事喜欢自己动手，包括插装道旗、搬运啤酒和发布户外宣传广告等，所有与体力相关的具体事务都没习惯也不可能找别人替代。机关里的工作人员只要把自己太当回事儿就容易有"架子"，出现"懒政"现象，而此风一旦流行，往往积习难改、积弊难除。

往事情景三： 1994年2月至5月，我在繁忙的工作和两次出国间隙，接了《华夏酒报》的约稿，分六期发表了《构架宏伟蓝图　笑迎四海宾朋》一文。此文当属业余帮忙，目的是为啤酒城的招商摇旗呐喊，当然也有写作兴趣使然，我自认对"啤酒、啤酒节、啤酒城"这个三部曲式的城市命运共同体，有一番独到而深情的见解。再者，啤酒节也需要通过国内酒类行业最有影响力的报纸来加大宣传。文章连载后反响尚好，因《华夏酒报》上多是比较直白的广告式企业宣传，以一瓶啤酒的诞生、一个节日的创办、一座酒城的兴建来贯穿一座城市过往命运及未来前景的写法不多，是较为新颖的软广告宣传形式。

情景感悟： 多年后重读此文，确实不忍卒读，也颇多怀旧感慨。一是对文字不满，在"形势"所迫和"任务"所系之下的艰辛赶稿，真的写不出像样的作品；二是深感当年啤酒城招商不易，没有充裕的资金做大版面的硬广告，只得以软文的形式潜移默化地吸引厂商们关注。再就是，这座尚在一期建设中的酒城定位还不够清晰，若仅是为了每年十天半月的节日，啤酒厂商就难有陪你闲玩的兴趣；若酒商真的进驻并常年经营，又要考虑在青啤的"地盘"上是否能有作为。而其他与啤酒无关的企业入城，单单"啤酒城"这三个字就会把自家的生意边缘化了。

往事情景四： 市旅游局与崂山区在办节理念和方式有一定的差异，啤酒城指挥部还是想方设法邀我去指导工作。为此，市旅游局与我也约定了一些工作细节的要求，我那时已确定当年9月即辞职出国游学，自然了无仕途恋栈，亦无私利可言。或许，用对啤酒节的大爱来解释当时的行为最为贴切，对任何人在任何情况下都无过多解释的必要。

往事情景五： 自1993年11月调入至1996年9月辞职，我在市旅游局满打满算工作了不到三年，从事与啤酒节相关的工作主要为：活动方案起草、外联宣传招商、场地施工督导、节日文娱演出等。由于啤酒节办公室的人手偏少、活计繁多，所以还干了许多分不清职责边界的临时性工作。

情景感悟： 那是匆忙纷乱又持敬践履的三年，前面的两年是真心实意出大力，总想拼力为旅游局和啤酒节多做贡献；后面的一年，内心虽有对啤酒节的不舍，却已想着早日离开。何以如此？一是对旅游局当时的工作环境不适应，常有无所适从的惶惑；二是我个人对机关的待人和行事风格不太适应，在人际关系的处理上也比较随性；三是天性中就缺少希求稳定的因子，正好受了游学美国的梦想鼓动，所以一时兴起辞了公职，闯荡漂泊竟成习性。

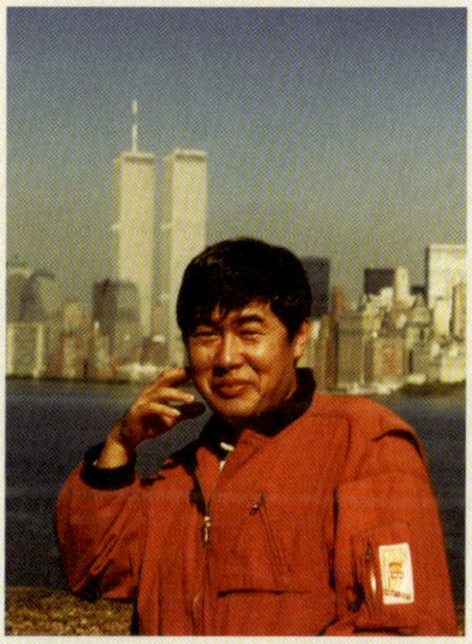

1996年10月，作者在美国游学期间

1997年4月，作者人在纽约街头，心系青岛啤酒

華夏酒報

娄底非法制造假名酒惊人

甘南土法酿制青稞酒猖獗

绍酿总公司已获得外贸进出口自主权

菏泽酒厂穿新鞋走新路

让酒液里溶进更多的科技含量

莱州推出蒙砂玻璃新技术

切莫轻易"以身相许"

神州醴讯

产品替代进口 市场前景广阔

防伪口十角白酒瓶研制成功

构架宏伟蓝图 笑迎四海宾朋

——青岛国际啤酒城建设开发公司总经理王作安访谈录

林醒愚

作者在《华夏酒报》发表的文章

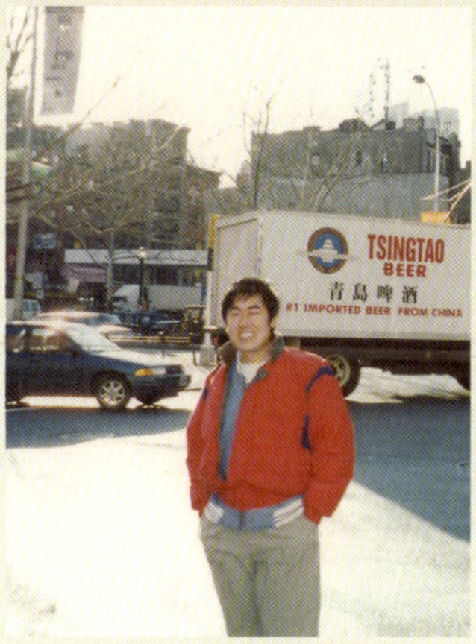

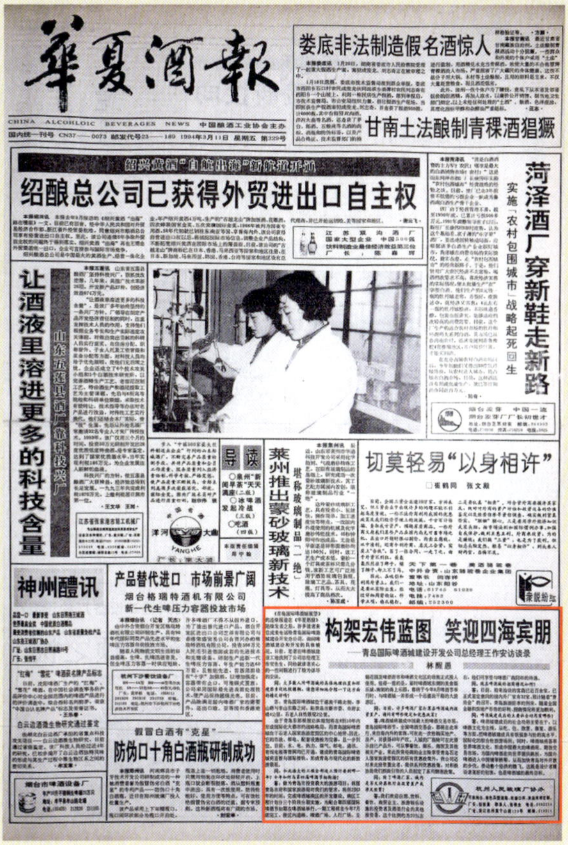

往事情景六： 第4、5两届啤酒节筹办期间，我每天都待在啤酒城现场，主要负责的场地和演出工作也必须在室外完成。日复一日自然很辛苦却也日久生情，尤其对广场中央那根旗杆和那面节旗更是每日仰望、情有独钟。那两届闭幕之夜中心舞台的演出结束后，我身心疲惫至极，常常有坐在舞台石阶上就起不来的感觉。可有件事却让我很是留恋不舍，就是旗杆上那面飘了十多天的节旗。我默默走到旗杆下，伫立片刻后含泪把旗帜缓缓降下，再折叠好带回家收藏。或许是对节日始终如一的敬仰，或许是向这一届做深情的告别，一己不为人知的行为同样充满内心的仪式感。

情景感悟： 通常，升节旗时万众瞩目，降节旗时则不免生出几分无人关注的落寞。也可能是我比常人多了些矫情，也可能是找不到更合适的情感寄托，总之从那以后，每届我都会悉心留意节旗的归宿，能收藏的就尽量不让它不知所踪。

在此期间还有一份来自第5届的珍藏——与著名经济学家于光远的幸会与合影。那是在啤酒城青啤大篷内的单间里，我一边向老先生敬酒，一边倾听他对青岛啤酒及啤酒节的中肯评价。早就钦敬老先生横跨自然科学与社会科学两大领域的卓著功绩，也闻听他是市场经济理论的积极倡导者，所以就尽可能地延长陪他谈天说地的时间，可他对所有敏感的话题都避而不谈。有一点或可肯定，于光远是参与和体验过青岛国际啤酒节的学术地位最高的大咖之一，虽然从穿着和谈吐上他并无夸饰。岁月不居、韶光易逝，四分之一个世纪不知不觉中匆匆而过。对于当时只有38岁的我来说，那次偶遇及被抓拍时的留影只是一份深深的追忆和珍藏；对老先生来讲，98岁的长寿意味着他在思想战线的前沿和学术领域的高地，亲见了时代的发展与进步。而时代激流的涌动和各种思想的风潮，也锻造了他风骨峭峻、不同凡响的一生。

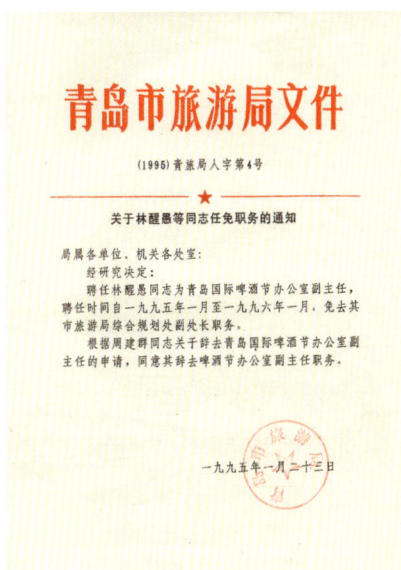

青岛市旅游局文件

(1995) 青旅局人字第4号

★

关于林醒愚等同志任免职务的通知

局属各单位、机关各处室：
经研究决定：
聘任林醒愚同志为青岛国际啤酒节办公室副主任，聘任时间自一九九五年一月至一九九六年一月，免去其市旅游局综合规划处副处长职务。
根据周建群同志关于辞去青岛国际啤酒节办公室副主任的申请，同意其辞去啤酒节办公室副主任职务。

一九九五年一月二十三日

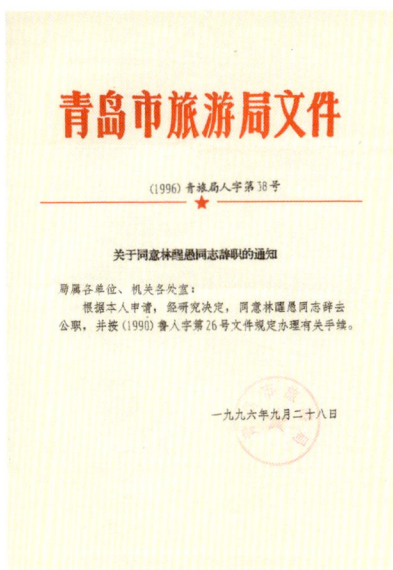

青岛市旅游局文件

(1996) 青旅局人字第38号

★

关于同意林醒愚同志辞职的通知

局属各单位、机关各处室：
根据本人申请，经研究决定，同意林醒愚同志辞去公职，并按 (1990) 鲁人字第26号文件规定办理有关手续。

一九九六年九月二十八日

作者在市旅游局工作期间的任免文件　　　市旅游局同意作者辞职的文件

第5届啤酒节期间，作者与著名学者于光远（中）在青啤大篷中聚谈

第五章

升腾·沉醉 如歌的行板

时空对应：第7届至13届

【公共记叙】

这一时期的跨度为七届，是啤酒节在加速变化中欢快腾跃的时段。无论是节日承办权的属地拥获，还是节日规模与层级的不断跃升；无论是全市性办节体制的架构创新，还是啤酒城实施的娱乐化改造；无论是青岛与世界干杯主题的确立，还是青啤百年华诞叠加的喜庆……都鼓舞着少年啤酒节且成长且亢奋、且自豪且展望，并初尝了"环球同此凉热"的共振效应。

属 地 拥 获

节日地域化和承办本土化，无疑是节日在空间上留驻存在感和成长性的优选，用当今说法叫"接地气"。只有符合当地发展利益的物质产出和情感维系，才有利于被培育事物长远茁壮的生长。1994年落脚崂山区的啤酒节，作为城市最具活力的"物种"无疑是优良的，出现"水土不服"后两届即易主的关键，不是为了争权争名争利，也并非市旅游局不想让节日顺畅出彩，而是节日生长的属地"根性"决定的。1999年创办的海洋节也是举办两届后，2001年由市旅游局转交市南区政府承办。后来的实践也反复证明，天时、地利、人和这三大要素，对啤酒节做大、做强、做久是何等重要。

第7届啤酒节由崂山区首度全盘接手承办，自有施展新理念和大抱负的心气。节日的鼎新样貌可用"强基础、扩规模、上层次"三个词来概括和形容，这三个词也意味着对节日生产力的进一步解放。"强基础"首先体现在为节日立下机制性和体制性的规矩。比如，距市旅游局成立的青岛首个办节常设机构才三年零九个月，第二个与啤酒节相关的常设机构"青岛市啤酒节办公室"也诞生了（以下都简称"啤办"）。同样作为事业单位，旅游局的啤办编制为5人，为差额拨款的处级事业单位；崂山区的啤办编制为15人，为自收自支的处级事业单位。两相比较，反映了崂山区规范办节的长远规划，也显示出其将节日做大做强的信心。

规 模 拓 展

"扩规模"——既有投资规模，也有体量规模。其一是对啤酒城中原先闲置的北片区进行了平整拓展，使办节面积由上届的300亩升至约490亩，既扩大了商家的搭建面积，也增加了游人的赏玩空间。例如，整体绿化近7万平方米，使盛夏的酒城多了一份清凉的舒适；新建围墙7000多米，让"城"的概念更清晰也更开阔；第7届时啤酒城共投入7000多万元（含青啤宫的4600万元），对原有的水、电、道路、亮化等设施进行了改造完善，这在之前的三届是无法想象和难以实现的。"扩规模和上层次"还来自青啤宫（青岛啤酒大世界，下同）在第7届啤酒节前的落成和启用。其上、下两层共享中厅的设计风格，或许是受到慕尼黑啤酒节饮酒大篷模式的启发，不同的是慕尼黑的大篷体积再大也是临建，而青啤宫是永久性建筑（实际存活16年，2013年10月被拆除）。如不建在啤酒城中，这个建筑并不显得高大，建在城中且主要功能用于办节就可凸显出它的比较优势。据了解，青啤宫建筑面积1.2万平方米，用于办节的面积约3000平方米，上、下两层可同时接待1200多个参节游客，这是啤酒节迄今为止室内（篷内）单一饮酒空间的面积之最。当然，青啤集团不会单为啤酒节的半月时光就在城中建此"庞然大物"，其常设功能还包括啤酒质量检测中心和举办中小型的学术交流会议等。

"扩规模"还指城内搭建各类篷屋的面积，在第13届时首次达到1.4万平方米，其中统一搭建的啤酒大篷成了绝对主力。体现在接待能力上的规模效应是，从第7届开始参节人次跃升至百万级的台阶（112万人次），此后便一路攀升而从未低于这个规模。

层 级 提 升

"上层次"主要指邀请国家有关部委作为节日的主办单位（一度尊称"国家级"或"中央主办单位"），第7届有国家旅游局、中国轻工总会、国内贸易部、中国贸促会、中国国际商会和中国对外友协复函同意作为主办单位，第8届和第9届又分别增加了

青岛市崂山区机构编制委员会文件

青崂编[1997]1号

★

关于成立青岛市啤酒节办公室的通知

各镇政府、区直各部门、各单位：

根据青岛市机构编制委员会《关于成立青岛市啤酒节办公室的批复》(青编字[1997]30号)，经研究，决定成立青岛市啤酒节办公室，为隶属区政府的正处级自收自支事业单位，编制15人，领导职数配主任一名，副主任一名。业务工作接受青岛市政府办公厅指导。

该办公室的主要职能是：

1. 按照市政府办公厅工作部署，全面负责青岛国际啤酒节的总体策划、筹备和组织工作；研究制

订办节思路、政策和总体活动方案；综合协调国家、省、市有关部门和国外有关驻华机构，加强办节工作联系。

2. 负责啤酒节活动的总体布局、规划建设、啤酒厂商、经贸活动、文体娱乐活动及广告宣传媒体等方面的招商与管理工作。

3. 负责啤酒节组委会交办的各项工作。

一九九七年二月十三日

青啤宫外景

成立青岛市啤酒节办公室的文件

青啤宫内景

71

国务院侨办和人民日报社为主办单位。从当时节日影响力亟待提升的角度讲，国家部委参与主办确有一定作用，但节日因此获得"升格"之说就有点虚高。再就是国家部委作为主办单位似有不妥，作为指导单位更贴切一些。实际情况是，从第11届开始，上级主办单位的国家旅游局率先"退群"，到第14届时只剩5个国家主办单位。及至2013年中共中央办公厅、国务院办公厅共同发文着手整顿和清理后，国内节庆活动开始整体大幅降温。

再者，第8届啤酒节开幕式晚会由执导1991年、1993年央视春晚的名导郎昆操刀，组委会领导对他所提的要求是"不能低于央视春晚"，因此，这台晚会无论是舞美炫彩的设计，还是新颖道具的使用；无论是演出阵容的豪华，还是借助央视播出；无论是巨额资金的投入，还是国际政要的道贺，都极大程度地提升了啤酒节的形象。但那个璀璨的开幕瞬间只是啤酒节走向成功的短暂依托，对节日长远发展并无太多裨益。综观国际知名大节的开幕首秀，鲜见以大型综艺晚会来开场，国内节日的晚会化倾向只能助长明星效应和贵族消费。啤酒节的主体永远不是盛大的一夜欢歌，主角也不应是少数的大腕和名人，而应是万千普通的参节公众。

第8届啤酒节名声大噪不单是因开幕式晚会的"高大上"，也不仅是与环宇乐园全面合作、共"酿"欢愉，还有"一节两会"的同时绽放。"两会"——一是青洽会，从首届啤酒节就一直与啤酒节未曾远离，只是到了第7和第8届才真正同日开幕、客源与共；二是啤酒饮料博览会，直接布展在啤酒城的一号楼内。啤酒节迄今为止的历史上，将展会与节日的名称缀连，且在官方文件中对节日的统称不按界别而以年份来标注仅有这两届（如1997年青岛国际啤酒节暨啤酒饮料博览会）。所以，第7届和第8届啤酒节与经贸活动的联系最为紧密，也是"节中有会、会中有节"较为出彩的两届。不过，上述紧密的相互依傍只是阶段性的，且主要是经贸活动对啤酒盛会的依傍。后来的实践证明，节名添加后缀的做法不科学也难持久，是不符合节日行当国际惯例的特殊现象。比如慕尼黑啤酒节每年一届，而在同城举办的国际啤酒展览会（Drinktec）每四年一届，二者在时间上绝无重叠，在内容上亦不捆绑。综观世界各地的著名大节，节名后绝少有"带拖斗"的，显然"带拖斗"的节日一般都走不顺畅。道理在于，节日越单纯就越有魅力，展会越精专就越有市场；节日的繁盛取决于文化消费能力的强弱，而展会的生命取决于经济需求的大小，以节日的热闹拉动展会的成交很难如愿。果真，1997年至1998年在啤酒城办了两届的啤酒饮料博览会，1999年改到南海路11号的山东省国际贸易中心续展，"一节一会"的名称也不再黏连并用，而是各自回归本名本性了。

"上层次"还体现在国家旅游局将啤酒节作为1997中国旅游年向海内外重点推介的旅游产品且位列前三，并将第8届啤酒节列为全国28项节庆活动中的第三位。这说明从国家主管部门的层面上，对啤酒节扩大城市宣介和拉动旅游经济的作用给予了充分认可。

1998年，国家旅游局经反复筛选，从中国旅游开发建设项目库所列的435个项目中精选出43个项目，组成"首批中国旅游业发展优先项目大名单"并第一次公诸海内外。青岛国际啤酒城作为山东唯一的项目代表"金榜题名"。对于入选项目，国家旅游局给出的基本标准是：体现中国旅游资源特色，符合国际国内旅游市场需求，能够带动和促进旅游经济全面发展。

第8届啤酒节的宣传声势浩大，除了央视国际频道，还有山东卫视、凤凰卫视参与直播；除了众多广播电视媒体，还有《经济日报》《中国旅游报》及我国香港的《大公报》等平面媒体；尤其难忘的是《青岛日报》创意性地刊发了八期"节会蓝讯"，让万

第8届啤酒节期间《青岛日报》刊发的"节会蓝讯"

第8届啤酒节开幕式晚会精彩瞬间

千读者倍感清新、击节叫好，也让啤酒节宣传从过去纯粹新闻报道的单一模式，嬗变为充满人文意蕴和故事色彩的魅力传播。

　　作为翘首新世纪的一届盛会，第9届啤酒节被寄予更多的深情与厚望。首先是青岛体育中心颐中体育场（现国信体育场）的落成启用，使啤酒节开幕式的规模由不过万人的汇聚，提至5万多座席的量级；其次，市文化局承办演出有得天独厚的优势，几乎邀请到岛城在外发展的所有一线演艺明星悉数登台，将"常回家看看"的情愫演绎得淋漓尽致。美中不足的是，因道路不畅带来的"暴堵"耽搁演出近半小时。再次是拆掉环宇乐园在城中设置的最后400米隔断栅栏，让啤酒狂欢与娱乐狂欢合二为一，再度回归啤酒节应有的欢动整体感。但第9届和第10届也步入了一个"迷人"的误区，就是举办时间大大延后，将开幕定在靠近8月底的日子，试图用晚到的节日来维持和拉动城市的旅游旺季，结果节日的工具化使用并未完全达到改变旅游季节的预期，对酒店宾馆和景区确有一定的客流回潮作用，但终究抵不过学生开学、气候渐凉、啤酒消费指数下降的大势影响。从第11届又将开幕日调回8月中旬的举措，可以反证人为拖后举办或拉长节期，既于事无多补，也于节无大益。

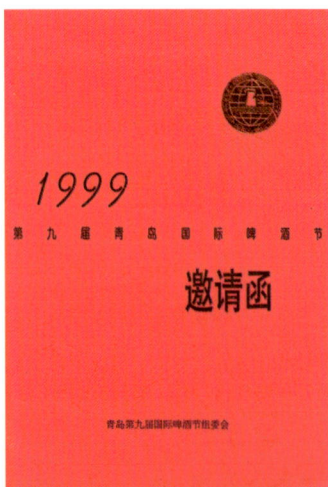

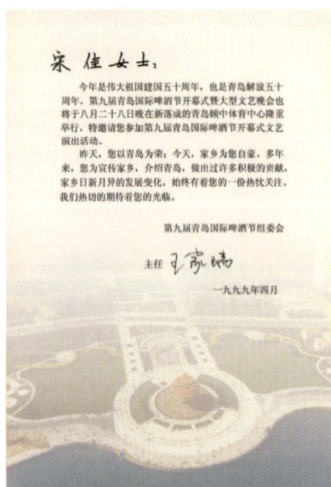

74

邀请岛城演艺名人参加第9届啤酒节开幕式的邀请函

环 宇 入 城

对于热望兴盛的啤酒节而言，新加坡环宇集团的参与既是个意外惊喜，也存在难以预控的变数。在对节日成长节律尚未娴熟把握的年代，任何对啤酒城大规模的投入行为，都可简略地被视为对节日的成长有益。虽然环宇集团并未对啤酒节直接投入，但对啤酒城的娱乐化改造，不但可以为节日本身添加欢娱指数更高的项目，还可一次性解决这座城"半月热全年冷"的老大难问题。环宇世界主题公园委托负有盛名的加拿大富尔列斯公司负责规划设计，应该说整体策划的起点较高，总体风格接近迪士尼乐园。

环宇集团早在新崂山区成立之初的1994年，就与该区政府相关部门有过频繁的接洽，包括策划邀请青岛市政府代表团赴新加坡招商。环宇集团的商业嗅觉不仅体现在对啤酒城的合作开发，其投资的"重头戏"是在崂山区进行房地产开发。

新加坡《联合早报》发布介绍"青岛21世纪高科技国际城"项目的启事

青岛市政府赴新加坡招商团成员名录

作者在新加坡招商期间

环宇乐园内的嘉年华娱乐设备

青岛作为国内著名的旅游城市，过去主要以气候条件宜人和自然环境优美著称，一次性批量上马众多的大型高端娱乐设备还是首次，其中不少是当时世界新产和国内首秀的设备；加之乐园内规划了美国主街、维也纳广场、白金汉城堡、维多利亚食街、百老汇剧场等十个可满足娱乐休闲的片区，易于形成旅游消费的新亮点。再者，环宇乐园的建设对啤酒城北片区的开发利用起到了至关重要的作用，对提升节日形象和增加参节趣味也产生了不小的助力，因为此前在这里举办的四届啤酒节都很少涉及城内的北部片区。客观地说，几年后出现颓势的原因比较复杂，其致命症结不是源于环宇乐园项目的好坏或经营水平的高低，而是与当年国内主题公园热兴和速朽的大环境有关。类似的主题公园在北方城市鲜有赢利的范例，即便20多年后的今天，常年开放经营的主题乐园也没几家能顺风顺水地存活。

大 篷 亮 相

此处的大篷专指除青啤宫及商贸区的小型篷屋外，第11届啤酒节首次统一采用德国劳斯伯格篷屋公司在上海合资生产的铝合金篷房（啤酒大篷）。在此之前，啤酒城中的经营摊点主要由参节厂商自行设计搭建，篷屋的大小、式样、材质和色彩等既不规整，也难言美观。啤酒大篷的统一使用必然带来节日观感的明显变化，不仅是由小向大的空间面积拓展，也带来经营理念和审美观念的跃升，使经营者、消费者都产生了全新的体验和感受。具体的益处：统一搭建的篷屋规格整齐划一，让啤酒城的布局更有整体的美感；统一招标的篷屋在质量上更有保障，避免了自行搭建水平和质量的参差不齐；招标文件中规定了生产和安装等资质要求，可确保篷屋搭建质量和安全性。总之，啤酒大篷的亮相，让节日"长高了，壮实了，变美了"，在形象上与慕尼黑啤酒节更有几分相像。

需多说几句的是，作为国内颇具影响力的青岛国际啤酒节，率先采用大篷作为场馆的示范之举，必然对国内其他大型节庆活动形成跟进效应，对国内的篷房制造业也起到了较大的拉动作用。例如，2008年因举办奥运会大篷供货紧张，青岛啤酒节放弃对劳斯伯格篷屋产品的依赖，改用珠海丽日帐篷公司的产品，对该企业来讲是一次难得而又前景可观的商业机会。再如彩色篷顶的首度开发，就是应青岛国际啤酒节的要求而做的改变，这一改变既成了当时的流行款式，也成为业内沿用至今的普遍选择。

最早在啤酒节中统一搭建的大型篷屋

体 制 建 构

世纪之交前后，中国发展形势一片向好，用媒体的描述就是大事、喜事特别多。青岛亦然，也能明显感到节庆、会展、赛事等活动将成为社会进步和经济发展新的增长点，青岛意欲在此领域里提早起步、大展身手。为此，1999年1月，市政府成立市重大节庆活动组委会，主要意图是为了筹备办好新中国成立50周年、庆祝澳门回归、迎接新世纪及啤酒节、海洋节等一系列重大活动；其职能是负责审定全市重大节庆活动规划，协调组织和指导重大节庆活动的有序实施。这一体制性构建的最早动议，或许是受到大连市大型活动协调指导委员会的启发，因为大连除了服装节，还有不同时节推出的多项节事活动。对啤酒节来讲，新体制的构建意味着多了一个业务主管和指导部门，有利于

青岛市人民政府文件

青政发〔1999〕4号

★

青岛市人民政府关于
成立市重大节庆活动组委会的通知

各市、区人民政府，市政府各部门，市直各单位：
　　1999年，我市将举行庆祝建国五十周年、庆祝澳门回归祖国、迎接新世纪到来和青岛国际啤酒节等一系列重大节庆活动。为确保全市重大节庆活动顺利举办，提高组织水平和活动内容质量，市政府决定，成立市重大节庆活动组委会，负责统一审定全市重大节庆活动规划，协调组织和指导安排全市重大节庆活动。现将该组委会成员名单公布如下：
　　主　任：王家瑞　市政府市长

1

青岛市人民政府 会议纪要

〔1998〕第103号

关于全市重大节庆活动有关工作的
会 议 纪 要

　　根据市政府的工作部署，1998年11月7日，周嘉宾副市长召集会议，研究部署1999年青岛国际啤酒节的筹备安排以及明年全市重大节庆活动组织领导工作。市政府办公厅、高科园管委、市旅游局和市啤酒节办公室等有关部门的负责同志参加了会议。现纪要如下：
　　明年，我国将迎来建国五十周年和澳门回归祖国，为此，我市将安排一系列重大节庆活动。为保证各项重大节庆活动顺利举办，提高组织水平和活动内容质量，体现我市建设现代化国际城市"大手笔、高起点、国际化"的要求，市政府决定，在总结以往经验和学习先进城市作法的基础上，建立全市重大节庆活动组织领导新体制，由市政府办公厅统一协调组织各级。各有关

-1-

青岛人民市政府《关于成立市重大节庆活动组委会的通知》　　青岛人民市政府《关于全市重大节庆活动有关工作的会议纪要》

　　节日在全市范围内的工作协调和宣传推广。从顶层设计的角度讲，啤酒节会场不管设在哪个区，主办者都是青岛市政府，都要纳入全市的统筹安排和宏观指导。
　　从当时全市节庆、会展活动雨后春笋般的萌发态势来考量，成立指导性和协调性的机构是有必要的，否则不利于全市节庆一盘棋的把控和运作。市重大节庆组委会机构的具体办事部门是其下设的办公室，简称"市节庆办"，是挂靠市政府办公厅的内部处

室，也是临时性的节庆统筹管理机构，人员是从政府相关部门和单位及社会上暂借的。与负责承办啤酒节的崂山区政府的大量沟通工作，也是由市节庆办具体负责。遇有重大工作事项，包括啤酒节活动方案的审定等，市节庆办会按照分管市领导的要求，召集重大节庆组委会成员单位开会，会议通常由组委会的副主任或秘书长主持。2008年5月成立了青岛市会展业发展办公室，简称"市会展办"，但仅存在了五年，相关职能就于2013年被转至市贸促会。

客 观 给 力

啤酒节的成功还有看似无关的间接因素在"给力"——啤酒快速替代白酒成为国人主要的酒类消费。其一，20世纪90年代中期正是我国白酒行业重要的调整期，此前白酒行业发生的假酒、毒酒事件以及"秦池现象"，极大影响了这个行业的整体信誉，于是出现了"高度酒向低度酒、蒸馏酒向酿造酒"的调整总趋势。其二，白酒行业的调整给啤酒市场的快速增长提供了巨大的市场空间，有资料显示，从1978年至1997年的20年间，啤酒行业以年均21.2%的速度递增，其中后十年的增速要大于前十年（1998年啤酒抢班白酒首次坐上酒类销售的头把交椅）。与此同时，国人饮酒的口感偏好也开始转移，总趋向为"低度"和"量大"，恰好与啤酒的特性吻合。其三，传统啤酒生产强国的啤酒消费都处于饱和状态，各国啤酒品牌亟须向海外市场拓展，无论是美国百威、德国贝克，还是日本朝日、菲律宾生力等。以百威为例，占美国国内市场59%的份额使之面临反垄断法制裁的风险；以贝克为例，其产量的60%销往国外，占德国出口啤酒总量的30%，正在提速扩容的中国啤酒市场对它们确是欣逢良机。其四，中国加入WTO后啤酒关税锐减58%，对正欲大举进入中国市场的国外啤酒是天大的利好，相信那时有不少产品出现在青岛或国内其他啤酒节的经销行列。

可以假设，如果国人还像早年那样喜好白酒，白酒的行情就会一直坚挺，啤酒的市场就会受抑。而受抑的市场既会对国内啤酒行业产生反向抑制，也必然会影响到国外啤酒品牌进入中国的兴趣。显然，没有良好市场前景的国家或城市，不可能持续举办声势浩大的啤酒盛会，也无法吸引众多国外啤酒品牌远来参节。某种意义上讲，青岛国际啤酒节的成功既与国内啤酒行业的整体兴盛有关，也与国外啤酒品牌纷至沓来有关，而啤酒节的成长和繁盛历程，也恰到好处地映射出酒类消费习惯的变化和啤酒销售总量的激增。

有个并非巧合的时间重叠可以佐证以上说法。1991年是青岛啤酒节的肇创之年，紧接着的1992年，国外啤酒品牌大规模进入中国市场，在这两个看似毫无关联的时间节点中，实则已潜隐了其后30年中国啤酒生产和市场消费的大格局，也直接或间接地左右着国内各地啤酒节的招商难易和国际化程度。偶然中蕴含着必然，国外啤酒品牌是从理性和感性两个维度来判断和决策进入中国市场的机会。一是理性分析。2000年前后中国人年均饮用啤酒仅为16升，而同期的德国为156升，美国为86升，差距就是最好的市场潜力预测。二是感性认知。比如百威和朝日通过参加青岛的啤酒节，直观地观察到中国人尤其是年轻人对国外啤酒的喜好程度，进而做出抓紧在中国投资建厂或合资生产啤酒的决定。可以说，30年的啤酒节是国外啤酒厂商瞭望中国同行的最好窗口，也是他们成功进入中国市场的有力跳板。

此时的啤酒节已借助自身的品牌价值，初步确立了符合节会经济特点的市场观，并开始散发出强劲的商业魅惑。不仅啤酒厂商和餐饮企业争相加强与节日挂钩，相关或无关行业也都争相参与盛会，希望在啤酒节的经济效益中分一杯羹。与节日关联较大的活动有：酒类展会、体育赛事和其他小型文娱活动，如啤酒饮料博览会、沙滩文化节和啤酒女神评选；与节日相关性小的活动有：科技研讨、经贸洽谈和新品展示，如电子家电、家具和食品医药。许多展会和活动都是由无关的外围向节日的核心加紧靠拢，心甘情愿地与节"共舞"，或挂牌分享，或具名蹭热度。资料显示，第10届啤酒节共签合同380多份，融资规模超过500万元，办节支出的3000万元无一来自财政资金。

文 明 履 历

无论是作为现代日常解渴果腹的饮品，还是作为古代重大祭祀活动的祭品，啤酒从来就是人类文明的伴生物，因啤酒而发酵的节日也刻记了社会进步的鲜明印痕。啤酒与节日幸运交汇后极易酿成情感亢奋的酵母，在激昂的节日氛围中也会令人情绪化，尤其在啤酒供应由短缺变为敞开的年代，可以放量痛饮的同时也陡增了以酒为注的性情较量。尤其起初的几届啤酒节，人们对在开放的公共空间聚众欢饮还不太适应，喝到酒酣耳热时的斗殴并不鲜见，醒酒屋的设置也就成为必备，直到第8届，这一专为酗酒闹事者定制的产物才一举作古。

作古的原因，既有啤酒敞开供应已成常态，也有人们对参节方式日益适应；既有物质生活水平的不断提高，也有大众健康观念的逐渐普及。当然，终极原因是物质与精神两个文明的相互作用。公安部门的统计表明，啤酒节的治安事件数量为：第4届104起，第5届60起，第6届40多起，第7届降至10余起。与此相对应的是参节人次在每届攀升，第4届50多万人次，第5届60多万人次，第6届90多万人次，第7届112万人次。如此鲜明的反差，是对啤酒节文明进程的最好诠释。

啤酒城开发之初也是城市东进之始，而城市化进程中确实需要克服一些深层矛盾。浓重的家园意识和土地情结显然不会与文件或政策同步产生正向的共振效应，反而会引起不适和抵触情绪，正所谓"文明的冲突"。因为彼时的一些人还看不到城市进步带来的身份转变和利益陡增，对老村舍和棚户区拆迁改造的普遍盼望是十年后的事情。1994年刚落成的啤酒城需要围挡起来才能办节，凭票入城的感觉对祖辈就生活劳作于此的人们来说，具有天然不适应的排斥感，骨子里会本能地产生"我的地盘我做主"的冲动。建城施工过程中的纠纷不算大事，啤酒城一期建成后城内的窨井盖一再失窃更是"家常便饭"。而今，啤酒城都免票了，节日回归了与民同乐的本质属性，文明的跨度也有足够的时空容量去包容和看待曾经的不文明现象。

大 连 情 结

毋庸讳言，青岛国际啤酒节当时在国内业界的横向比较中曾有过对标锁定——大连服装节，原因不仅在于两个节日之间的差距，更在于两座城市存在较强的可比性。一则同为百余年历史的年轻移民城市，二则都是地处北方沿海的对外开放城市，三则都是国家公布的首批计划单列城市，四则两城的面积和人口规模也大致相当。因此，在诸多可比性条件成立的前提下，多项经济指标已明显落后的青岛于1995年提出了"学上海、赶大连"的口号，政府的相关部门和单位及各行各业都竞相组团，掀起赴大连学习考察的热潮。

声誉鹊起的大连服装节所创造的影响力，是牵动人们关注和前往大连考察学习的诱因之一。大连服装节是改革开放后国内首批登场的节庆活动，与稍早创办的洛阳牡丹花会、哈尔滨冰雪节和潍坊风筝会相比，服装节的美誉度和传播效应大有后来居上、独占花魁之势，这与其借助节日营销城市的超前意识不无关系。

1995年2月元宵节刚过，市旅游局即组团赴大连深入考察，服装节的办节经验自然在必学之列；在第7届啤酒节的前期宣传中，媒体也把啤酒节指挥部"远赴德国、近抵大连，带着学习的精神和赶超的勇气"，作为青岛欲将啤酒节做大做强的理念激励；1998年上半年向市政府汇报的一份材料中，在涉及办节指导思想和总体要求的部分，也开宗明义地将大连服装节作为标举的对象；1998年9月，分管旅游的市政府领导带队，市旅游、文化、广电、新闻办、园林环卫及市南区政府和市社科院等部门和单位组成考察团，专赴大连出席服装节的相关活动；1999年3月，成立不久的市节庆办又组织市工商局、市广告联审办等部门，去大连学习节日的市场运作之策和节日期间户外广告的管理之法；7个月后在第9届啤酒节还未闭幕之际，市政府分管节庆的副市长又带队，组织市节庆办、公安局、旅游局、文化局和市体育中心等部门和单位再赴大连，重点观摩和考察服装节的开幕式晚会及服装博览会。

随着对大型活动研究的深入和对节事发展规律的把握，啤酒节的"主心骨"日益强壮，服装节曾经的"引力波"日渐式微。至2001年后，市政府层面鲜有组团赴大连服装节的学习考察，甚至随后还发生了悄然的"逆转"。2003年8月14日，在第13届啤酒节举办前一天，"辽宁（青岛）商品展销及经济合作洽谈会"在啤酒城近旁的国际会展中心隆重举办。辽宁省的主要领导带队，该省的14个地级市的主要领导悉数来青，800多家企业携带3000多种特色商品参展，主旨是寻找振兴东北的青岛契机。无独有偶，也是在第13届青岛国际啤酒节开幕之际，大连金石滩国家旅游度假区与青岛石老人国家旅游度假区缔结为友好景区关系，旨在加强两地政策信息交流、旅游市场开拓、招商项目推介和旅游商品开发经营。

这是青岛8年前推行"学上海、赶大连"之策的成效验证，也间接地验证了两座城市的标志性节日因发展理念不同，对旅游及相关产业拉动的效能自有差距。道理在于两节的诉求不一，结果也各得其所。啤酒节拥有深厚的市情和民意基础，民众的喜好源自几代人深系的情怀，节日的影响力不必靠盛大的开幕式或大型经贸活动来营造。某种意义上讲，节日越单纯就越像节日本身，啤酒节正是单纯到仅有吃喝玩乐的畅快，所以才赢得万民所需的原始体验和本能参与，才能在30年的岁月激荡中每况愈上、长盛不衰。深一层分析，这或许也是导致后来两节命途迥异的原因之一。

当然，大连服装节的核心要旨并非节日本身的红火，而是通过节日的舞台来美化和放大城市形象，进而获取必要的政治资源和面向世界公关的资本。因此，啤酒节和服装节的差距不仅是技术层面的，更有宏观经略和运作方式上的差异。比如开幕式的规格，大连服装节曾请来联合国前秘书长或卸任的国外政府首脑现身捧场，还有顶尖的晚会编导团队和豪华的演员阵容。而青岛啤酒节走的则是另一条妥帖稳健的路径，定位是"市民节"。多年后回想，无论是"学上海、赶大连"的提法，还是"市民节"的定位，都是极富政治智慧的远见卓识。

1995年2月首赴大连

1999年3月再赴大连

1999年9月三赴大连

2001年10月四赴大连

2006年7月五赴大连

主 题 永 恒

　　第11届啤酒节之前，要么是节日的主题意识不强，要么是开幕式的主题作为替代，要么是只有临时创作的当届主题暂用，直到2001年才确定了啤酒节的永恒主题——"青岛与世界干杯"。这句主题口号并非来自媒体的广泛征集，而是小范围约稿的意外收获。当

时啤酒节指挥部已邀请山东电视台负责节日开幕式的现场直播，并由该台负责撰写直播脚本。在汇报脚本时，分管啤酒节的市领导认为，应当有一句本届啤酒节开幕式提纲挈领的响亮主题。指挥部对此提出三点更具体的创作方向：一是要有明显的青岛地域属性，二是要有啤酒节事的鲜明特性，三是要能体现国际化城市的开放质性。为此，山东台在青的工作人员创作了几条，但领导均不满意。

祖籍山西的白玉奇时任崂山电视台的策划总监，被抽调出来协助山东电视台一起从事啤酒节的直播工作，且担当直播脚本的撰稿人之一。在

热爱大海的西北汉子白玉奇

山东台工作人员的鼓动下，白玉奇也创作了几条开幕式的主题词。在随后一轮的汇报中，白玉奇在汇报文稿的标题上标注了自己最满意的一句——青岛与世界干杯——作为题头。这句题头虽然字数不多，也不讲究工整和对仗，但在汇报会上立刻让各级领导眼前一亮，当场就被确定为本届啤酒节开幕式直播的主题。这句意境高拔、气势雄阔的主题，较好地满足了约稿中要求的三个体现——海洋文化、啤酒文化和国际化，而且不仅在汇报会现场得到众口一词的好评，还赢得了三级跳般的跃升和来自岁月的嘉许——由开幕式的主题升格为当届啤酒节的主题，再延续为此后啤酒节的主题。

"青岛与世界干杯"作为主题，仅以七个简单又直白的汉字，就展现出开放之城的宏大气象，也形象和精准地烘托出节日热切的交际"语态"。应当说，拥有多年沿用不变的主题对啤酒节意义非同小可，它不仅是节日理念笃定的生动体现，也是节日形象系统的主要支撑，还是节日无形资产的重要组成。一个主题能素面朝天20年未改，却没有丝毫老套过时的陈旧感，本身就是节日理念自信的象征，也是它被冠以"永恒主题"的不二原因。国内业界对"青岛与世界干杯"这句主题也赞不绝口。

百 年 礼 赞

2003年是青啤的百年大庆，相对应的是第13届啤酒节。百年华诞是青啤厂史也是青岛城市史值得大书特书的一笔，因为无论是对于青岛还是中国其他城市，存续百年且日

益昌盛的名企名品实属珍贵，能够始终为城市代言和扬名的品牌更是稀有。所以，那届啤酒节与青岛啤酒的关系来了个幸福的"倒置"，一切都以百年青啤的概念和作为来领衔。比如，开幕日期定在8月15日这个百年前青岛啤酒的注册成立之日。此前节日已经连续四年定在周六开幕，选在周四开幕更是前所未有；又如，那届节日的主题口号也将青啤的地位置顶——"百年青啤　百年青岛"，不仅直接将青啤与城市相并联，且打破惯例将城市在先的位置"让位"给了青啤；再如，所有节日标题的宣传顺序都统一为"青岛啤酒百年庆典暨第13届青岛国际啤酒节"，这也是举办了十多届的啤酒节首次排序后移。

以上种种都彰显着啤酒、节日、城市三者的特殊关系，也表达了一个节日对一个品牌的由衷敬意，一座城市对百年经典的永怀感念。正如品牌战略专家艾丰所言，在中国，没有任何一个品牌的历史与一座城市的历史，像青啤和青岛这样水乳交融、不可分割。的确，无论是从社会学还是从经济学的意义上评判，青岛啤酒获得如此尊崇都是实至名归；从几代市民对青啤富集的感情而论，这个品牌博得人们长久的喜爱也是众望所归。与此同时，青啤百年庆典也成为啤酒节扬名立万的"加速器"，两者和声的高调播扬让啤酒节收获了来自海内外的热切关注和高度评价。

除了"青啤百年"这个重要的庆典要素，第13届啤酒节的筹备还有成功摆脱"非典"阴霾的庆祝色彩。当年的整个春季都在疫情的压抑下度过，取消一切聚会性活动长达数月之久，一朝开禁自然产生强力反弹和井喷效应。为此，那届啤酒节特设了三个主题日活动——一是开幕庆典日，二是国际友人日，三是市民狂欢日，供人们全天候地尽情狂欢。数字也证明了百年庆典与度过"非典"给节日带来的双重利好：啤酒城单一会场参节人次首次突破150万，啤酒消费也第一次超过600万吨（约653万吨）。

【一己私怀】

往事情景一：第7、8两届啤酒节的筹备工作本人参与较少，原因之一是第6届啤酒节结束后我即从市旅游局辞职赴美游学大半年，原因之二是因办节引致的困扰一时难以平复。尽管游离于体制之外，还是为节日做了些外围配合性的打杂事务，如第7届期间邀请我国香港影视明星足球队来青，并承办了港星们与青岛老年足球队的比赛；第8届期间参与策划了"啤酒节小姐评选大赛"，设计印制了"户外广告媒体简介"招商画册，等等。尽管不"在编"，但我依然对节日很是挂牵，并在节日落幕时撰写了一篇内部刊发的评述文章《走出啤酒节后的议论》。《青岛日报》原本想照发而未发，最终在该报的《内部情况》上刊发。

情景感悟：这篇文章被相关领导看到后，我的命运才又一次与节日并轨，且在同一条幸运之路上走得更远。1998年10月，我被征调到拟成立的市重大节庆活动组委会办公室，一干就是三年多。市节庆办最大的特点就是一切都是新的开始，所有都无章可循，也意味着我的主要工作，一是规整全市各类节会活动的策划方案，二是加快宏观意义上全市节会管理的建章立制，三是创新为全市节会合力宣传的方式方法，四是为节日的市场运作开辟新的融资渠道。前三项工作本人均无出色的业绩可表，只有第四项尚值一提。1999年夏初，本人策划开创了将岛城主要街道户外广告在节庆时段集中拍卖的历史，为市场运作筹资以广泛宣传政府主办的节会开辟了新的路径，为节庆组织机构筹措了可观的运营经费，为国内节会活动的市场化运作提供了青岛版的范例。

往事情景二：与大连服装节相比，青岛啤酒节迟办了三年，说当时的青岛有些许大连情结并不为过。为了起步即晚的三年，在其后的十年内我五赴大连。五次学习考察的任务各不相同：既有总体方案的创意策划，也有广告招商的具体招数；既有开幕大型晚会的编创思路，又有宣传推介的渠道之选；既有节日单体活动的设计，也有节日对旅游经济的拉动……但服装节的承办单位可不像服装节那样姿彩张扬，而是偏于低调和保守。一是从未提供现成的方案给取经者，二是对涉及节日运营的关键话题也很少涉及。这或许与他们想要保持优势的心态有关，也与他们内部将此视为知识产权加以保护有关。说实在话，除了节日目标立意高远和场面恢宏大气，我五赴大连取到的"真经"只有八个字——"百姓过节，我们过关"，一语道破节庆人工作状态的千辛万难。

往事情景三：这段往事按说应放在上一章去写，只因环宇集团1997年后对啤酒城的改造对我触动颇深。1994年4月24日是本人首次跨出国门的日子，这次出国是参加"青岛市政府赴新加坡招商团"，团里有政府方面的代表共19人，其中以崂山区（青岛高科技工业园）为绝对主力，青岛经济技术开发区、市外商投资服务中心、市旅游局、市政府新闻办、青岛东部地区开发指挥部等部门和单位也派员参加。这次出国与新加坡环宇集团的力邀有关，他们是主要的邀请方和接待方，也确实尽了不少地主之谊。然而明明是青岛市政府的招商团，却被改造包装成了环宇集团在青岛楼盘的销售团，新加坡《联合早报》的整版广告可以为证。不过，既然市里多部门和单位一并组团前往，在展厅的场面上还是要有不同的形象和声音出现，启动中的啤酒城是旅游局派我出访招商的重点之一。

情景感悟：首次出国还是充满了新鲜感，新加坡天地之间的灵秀和安定的社会秩序感，是任何初来乍到者的共同印象。与此形成鲜明反差的是本次招商任务的铩羽而归，尽管我想方设法去完成局里交办的任务，但无奈事与愿违。为此，本人曾以游记的形式写过一篇《新加坡招商随想录》，存留了不少宝贵的一手资料，或许有朝一日可将这份还原历史情境的文章与人分享。

往事情景四：青啤百年之庆是我一直关注和潜心研究的大事，在市节庆办工作期间我与青啤集团当时的总经理就有过商议，他也曾派人专门到市节庆办商议对接策办之事。我还为此专门草拟了百年庆典的系列策划方案。后来，我辞去在市节庆办的工作，加之青啤集团的"当家人"猝然离世，许多先前已对接过的框架式思路便瞬间断档。不过后来我仍积极与青啤集团工会对接，并先后无偿提供了多套策划方案。如2002年9月起草的"青啤百年庆典活动畅想"，2002年10月起草的"青岛啤酒百年庆典大型文艺晚会策划方案"，2003年5月起草的"青岛啤酒百年华诞彩车设计的建议和构想""青岛啤酒新百年首批产品拍卖活动策划方案""青岛啤酒百年庆典大会流程及主持词"，等等。

1994年4月在新加坡招商期间　　　　在介绍青岛国际啤酒城的图板前

情景感悟：应该说，青啤百年是该企业发展史上一次重要的战略机遇，青啤集团也恰到好处地借助这个百年一遇的契机大有作为了一番，包括对大量史料的发掘和整理，出版了一批厂史价值存量较高的图文作品，开展了系列纪念性的庆祝活动。这些作品无疑是对以往百年历史的经典归纳，也是赠给新百年征程的最好礼物。至于本人奉献的策划方案是否对百年庆典的筹备有启发和帮助，甚至是否被采纳及采纳了多少都没那么重要，因为对青啤的这份爱心原本也没有索取之愿。而且，百年庆典的主要工作是以青啤为主的团队策划实施的，我不过是情怀所致帮着敲了几声边鼓而已。

以下是本人为青岛啤酒百年庆典暨第13届青岛国际啤酒节开幕式门票金卡所撰的祝词：

风云百年，时空激荡；历尽沧桑，唯余醇香。

酒酿心声，情系八方；玉液琼浆，华夏名扬。

企业至尊，城市荣光；国之瑰宝，民族轩昂。

盛世华诞，豪迈乐章；东方之约，四海荡漾。

历史铭记，永世流芳；特制金卡，以志珍藏。

往事情景五： 回过头来再看20多年前的旧作《走出啤酒节后的议论》，其核心要义是对节日高门槛等倾向的担忧，而这一倾向在很大程度上表现为"升格为国家级"的说法，也就是"7个国家部委与青岛市政府共同作为啤酒节的主办单位，使节日一下从地方级上升为国家级"。其实，这个说法值得商榷，因为不能简单地认为国家有关部委作为主办单位，就可以极大地提升节日的地位和影响力。以节庆这张特殊的请柬来联络和邀约相关部委，是为了争取更多对青岛加快发展有利的资源。

情景感悟： 节日原无级别之分，更不能以主办单位的层级来规定节日的级别；节日确有量级之别，是由公众参与的多寡和市场响应度的大小来划定。国外的许多知名地方节日都不是该国的国家级部委主办，却深得市民和游客的拥戴。节日的本质属性是地域性的文化认同和平民化的集体推崇，任何主办单位的级别和到场行政人员的身份都不能决定节日的级别。

往事情景六： "非典"疫情过后，距第13啤酒节开幕已不到50天，我原以为会与那届啤酒节擦肩而过，没想到疫情解禁不久就接到啤酒节指挥部的通知，希望我这匹"老马"能出山与大家一道，在最短的时间内筹办一届最精彩的啤酒节。节期日益临近，工作千头万绪。到岗后我先是协助文娱和演出部门，后又为秘书处和宣传处做了些文案工作。印象很深的是，当时策划的中心舞台演出方案上报市政府后，很快得到分管领导的赞成和批复。方案创意的基点是，开幕式由青岛来负责，其余16天的节日分别由省内的其他16个城市各担纲一天（当时莱芜还未并入济南），每个城市都有自己独具特色的整台演出节目。这样既可解决啤酒节筹备期短、组织节目不易的难题，也可为各地提供宣传城市文旅形象的舞台；既有利于疫情解除后人们精神的提振，也有利于将全省的目光都聚焦于青岛和啤酒节。

情景感悟： 去啤酒节指挥部报到不久，我被聘为外宣顾问，一开始对这个临时头衔真有点不适应，感到瞬间被"老化"了，毕竟当时正值47岁的当打之年。这种不适应反映了自己的多处观念误差。一是自认为还年轻无非是自我感觉良好，他人心中已对我做了年龄定位的客观扫描，是否装嫩都无碍客观标准的评判；二是"顾问"一称并非以年

百年青啤　百年青岛
CENTURY OF TSINGTAO BEER　CENTURY OF QINGDAO CITY
青岛啤酒百年庆典暨第十二届青岛国际啤酒节
TSINGTAO BEER'S 100TH ANNIVERSARY & THE 13TH QINGDAO INT'L BEER FESTIVAL

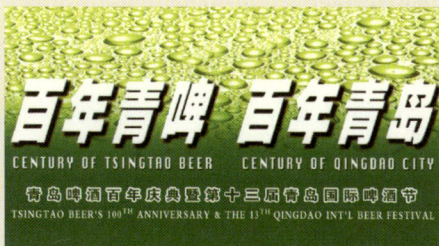

青岛啤酒　百年庆典
议　程
时间：2003年8月16日上午　　地点：青岛市体育馆
主办：青岛啤酒股份有限公司

4.　管弦乐
　　　指挥　李宏茂　编配　熊辉
　　　演奏　青岛市交响乐团海信交响乐团
（1）《欢乐开场曲》
（2）《百年青啤祝酒歌》
（3）《百年青啤颂》男女四重唱　　　　　　　青啤公司职工
5.　向子公司所在地政府赠送纪念碑
6.　歌舞诗　《大海梦幻》片断　　　　　　　　青岛市歌舞剧院
　　　　　　《青岛啤酒——大海的情怀》
7.　武术表演　《少林功夫》　　　　　　　　　菏泽公司武术学校
8.　向青啤经销商颁发特别奖纪念碑
9.　向青啤合作伙伴赠送纪念碑
10.　军乐团行进式演奏　《青岛啤酒进行曲》　　92330部队演奏
11.　舞蹈　　《啤酒狂欢园舞曲》　　　　　　　青啤职工演出
12.　金志国总裁宣布　《青岛啤酒百年宣言》
13.　安塞腰鼓　　《青啤豪情》　　　　　　　　西安公司安塞腰鼓队

总策划：胖安功
策　划：吕春波　林翠患
艺术顾问：刘炬光

舞台监督：吕春波

舞　美：王磊　孙少波　　　主持人：龚鲁阳　黄辉
灯　光：姬康年　赵生　　　　　　　　姜莉　张菁（英文）
音　响：刘志杰　赵青　　　现场摄影：郑建华　吴演东
剧　务：郝素美　郭鲁青　　现场摄像：青岛电视台
彩屏演播：郭成伟　　　　　技术主任：胡维刚

青岛啤酒百年庆典大型文艺晚会节目单

青岛啤酒百年华诞庆典晚会谢幕合影

时任青啤集团董事长金志国赠书签名

作者在第13届啤酒节开城式现场

青岛市重大节庆活动组委会办公室
青 岛 拍 卖 行 **拍 卖 公 告**

青岛拍卖行受青岛市重大节庆活动组委会办公室的委托，定于2001年12月14日对2002年全市重大节会期间市区部分道路灯杆和广场设施的临时性广告经营权进行公开拍卖。现公告如下：

一、拍卖标的：
1.道路灯杆挂旗：香港中路、东海路（由西向东至麦岛路路口）；
2.道路（线）杆挂旗：香港西路、正阳关路、文登路、太平路；
3.道路灯杆挂旗：福州路（宁夏路以北）、江阳西路（市北区段）；
4.五四广场空飘气球40只。
5.汇泉广场空飘气球30只。

二、拍卖时段：
1.元旦期间　　　　　2001年12月26日——2002年1月4日（10天）
2.春节期间　　　　　2月8日——2月18日（11天）
3."五一"国际劳动节　4月26日——5月7日（12天）
4.2002电子家电博览会　6月12日——6月22日（11天）
5.第四届中国青岛海洋节（含航博会）7月8日——7月22日（15天）
6.第十二届青岛国际啤酒节　8月12日——9月1日（21天）
7.2002青岛国际时装周　9月3日——9月10日（8天）

8.国庆节（含热气球节）　　9月26日——10月7日（12天）

三、咨询、办理竞买手续时间、地点：
2001年12月14日上午10:00至11:30，在广西路59号青岛拍卖行二楼接受咨询并办理竞买手续。

四、咨询联系电话：2881133　网址查询：www.q123.com.cn

五、拍卖时间、地点：
2001年12月14日下午2:30，青岛拍卖行二楼拍卖厅。

六、竞买人条件：
必须是我市具有户外广告发布权的广告经营单位，注册资金不低于50万元，并有优良的广告经营业绩，登记时交验有效营业执照副本和复印件及法人代表身份证明。
必须具备独立的营业法人地位，有民事行为能力并独立承担民事责任。
符合上述条件的竞买人，在办理手续时必须交纳保证金（现金）5万元（不成交会后返还），同时领取拍卖资料。

七、本行法律顾问：山东亚和太律师事务所刘群、牟长辉、胡平龄划分，而是以在某一领域的专业水准来确定；三是作为临时帮忙人员，不聘顾问一职又能做何安排？因为各处室都是正式工作人员，"编外"选手且有较丰富的办节经验，安排"顾问"一职十分恰当。再说那个17天演出的文案，最终还是没能实施。原因未必是所谓不具操作性，而是缺少大局观，让创意美妙的文案未能收获精彩的节日亮相。

往事情景七：第13届啤酒节闭幕不久我即着手赴慕尼黑考察，说"考察"自感有些夸大，实应为走马观花，充其量是喝了几杯酒，感受了些许节日气氛。因此行并没有安排与慕尼黑啤酒节组织方座谈交流，只是在现场尽可能多地向导游和当地的地接公司，问询了一些积攒多年的问题，回答自然是模棱两可的多，翔实确凿的少。而且说是考察慕尼黑啤酒节，可实际在该市停留了不到两天就匆匆赶赴欧洲其他国家和城市，与这个世界上最大的啤酒节也就是匆匆打了个照面，远谈不上深度体味和透彻了解，只买了几本啤酒节的画册和几样纪念品，拍摄编辑了一部考察资料片并撰写了一份考察报告。

情景感悟：本书的其他章节多处涉及对慕尼黑啤酒节的感悟，于此不再赘言。值得回味的是，从特蕾莎广场出来后又去的一处啤酒花园给我留下了久久难忘的印象。难忘之一是，触摸到了慕尼黑啤酒节起源的线索。原来啤酒花园的地下曾是人们挖窖贮藏

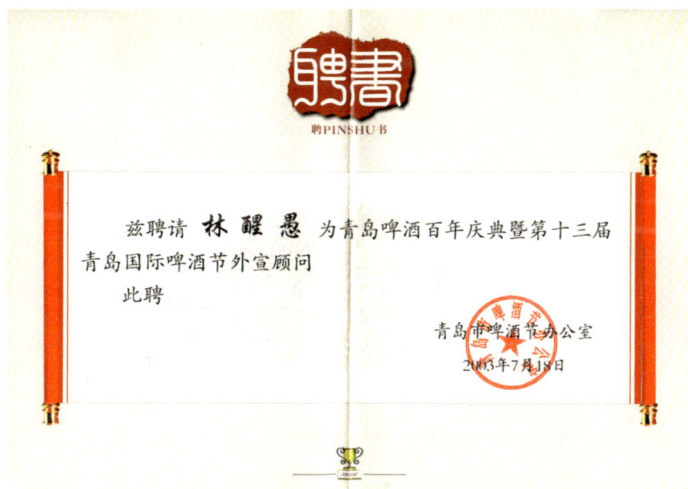

聘请作者为"青岛啤酒百年庆典暨第十三届青岛国际啤酒节外宣顾问"的聘书

啤酒的地方，因地下的温度相对恒定，加之地上遍植花木可起到遮挡阳光的作用，所以地窖中易于长期保存啤酒。每年10月是大麦收获后新酒酿成的时节，需将地窖中的大桶

腾空用于盛装新酒，于是腾出的酒便为举办节日提供了充裕的酒源。说白了，是酒的生产周期决定了啤酒节的举办时间，更何况200年前的10月恰好时处农闲。难忘之二是，味蕾记忆的鲜洌与独特。奥古斯汀那花园（Augustiner）提供的啤酒口感醇爽奇异，让人找不到相应的赞美之词。当各色叹服不绝于耳之时，我的一句评价让东道主倍感欢欣——"这种啤酒是世界上唯一喝过一次后，即使20年未再品饮，再次喝到时仍能瞬间忆起并确认的一份独特的醇香"。走笔至此，很自然地想到一位酿酒大师对禀赋优异的啤酒发出的赞曰："创造最棒的苦味。"奥古斯汀那就是最棒的苦味！

2003年秋，作者游访德国慕尼黑啤酒节

第六章

高亢的快板

干杯·载誉

时空对应：第14届至24届

【公共记叙】

第14届至24届是啤酒节继续稳中向好的黄金期，节日步入了成熟化前期的发展常态，其标志为：模式不断固化，传统日渐形成，品牌逐渐锻造。这里的"稳"是指啤酒节连续固定在崂山区的啤酒城举办了10多届，让节日拥有了家园的安顿与踏实；这里的"好"是指承办主体一直是崂山区政府，不但对节日内质的打造更加坚实和优化，也不断受益于来自外部的垂青和眷顾。这一时期，啤酒节经历了与奥运和世博相逢的高光时刻，夯实了畅饮、演艺、嘉年华三大节日狂欢形态的稳固架构，吸引了世界排名前十的知名啤酒品牌悉数入城，编写了国内首部节日系统运营的管理工程专著，集萃了涵盖24届啤酒节的博物画集，创造了多项可量化数据的节日之最，赢得了国内外业界的广泛赞誉。用当今的流行语来概括和形容——啤酒节步入成功开挂、渐成硬核的十年。

青岛国际啤酒节博物展画册

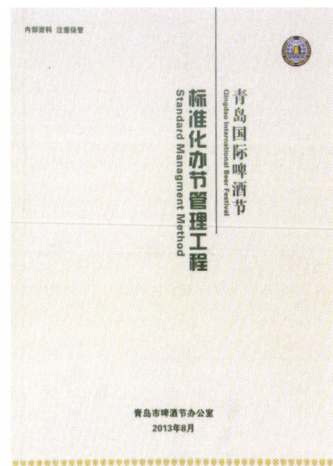

青岛国际啤酒节标准化办节管理工程手册

娱 乐 升 级

除了畅饮啤酒的口腹满足感，啤酒节还需要多元化的娱乐供给，其最佳匹配是嘉年华娱乐项目。当环宇乐园原有的20多台设备在缺少维护中渐显老旧和部分退场之后，2004年啤酒节开始大规模引进移动嘉年华设备，它的优点恰是大型固定设备所不具备的，如投资规模小、上马速度快、配置较灵活、维护成本低和运营期可长可短。初次亮相的嘉年华投资近亿元，约占城中面积的三分之一，提供各类娱乐设备和游戏80余项，迅速成为游人喜爱参与的热点，较大地提升了啤酒节的娱乐比重和欢乐指数。因为毕竟不是所有的参节人都适应"把酒醑滔滔，心潮逐浪高"的情状，在释放激情和愉悦身心方面嘉年华娱乐可达到同样的效果。至此，承载啤酒节欢乐的"三驾马车"——畅饮、演艺、嘉年华已全部到位，节日与慕尼黑啤酒节在形态架构上也大体相符。尤为可贵的是，第14届啤酒节在国内娱乐界还创造了全新的概念——"中国啤酒嘉年华"，无论对于进入中国市场不久的嘉年华项目运营商，还是盛名已然十四载的青岛国际啤酒节，这种"短平快"的结合不仅让双方都能赢得经济收益，也为节日活动与娱乐产业的互利共赢提供了新鲜样板。

佳 节 有 范

但凡经久传世的佳节都外溢着鲜明的装饰性——或通过道具，或凭借行头，或依靠装束，或借助装置。这些热烈洋溢的表象呈现，通常是节日符号化形成的主要载体，也是营造仪式感不可偏离的便捷门径。啤酒节在走向成熟期的路途中做过诸多有益的尝试。首先，是对已有13届历史的饮酒比赛进行全新的策划包装和媒体推介，让这项单纯的群众参与活动更具竞技色彩、娱乐精神和视觉享受，将节日的现场花絮转化为电视节目，成为啤酒节最具代表性的金牌活动之一。其次，是对节日服饰的改造。通过面向社会征集，最终选定青岛大学刘青林教授的作品，该设计方案对往届的啤酒节吉祥物做了拼图式组合，展现了热情、开放、活泼的视觉效果。如此，将沿袭了十多年的以白色为主的满头套文化衫，焕然为特征鲜明、色彩艳丽的专属节服，让节日有了更直观的标志性，不但在城中渲染了气氛，也成为公众争相购买和赠送的节礼，还起到了流动传播啤酒节形象的作用。再次，新上一座"德国啤酒村"的大篷，从外观形象到演艺形式，从装饰布局到经营模式，改变了以往人们对啤酒节的印象。该大篷占地2100平方米、容客

3500人的规模，也创下单一大篷的多项之最。上述一桩桩革故鼎新之举，有助于增加啤酒节的辨识性和仪式感，也平添了节日的感染力和传承性。

节日愈加规范的另一项基础性工作是，实施了城中的破堵拆围工程，让自我封堵和隔断的啤酒城换来通透敞亮。2004年纠缠了6年之久的啤酒城产权关系彻底理顺，这座欢乐之城的经营和管理得以"松绑"。曾经的环宇乐园出于经营考虑所采取的场地和项目布局，对节日而言如同迷宫式的绕圈和围堵。当城中拆除了高墙阻挡，不见了铁栅拦截，品酒区、演出区、游乐区和展示区立时连成一片，让节日进入了欢乐无间隙、互动有路径的正常形态。

会 场 分 设

第14届之前啤酒节所设的所有分会场规模相对不大，但第14、15届啤酒节的西会场却非同小可。一是市里有意图为刚改造落成的汇泉广场聚拢人气，也有带动老城区复兴发展的明确取向，因此在节日布局、宣传推介、通力配合等方面给予适当倾斜。比如两大会场不分主次，崂山的啤酒城称作东会场，市南的汇泉广场称为西会场，无形中把崂山蓄积多年的知名度扯平了；二是承办单位由市南区政府牵头，具体操盘的市城建综合开发总公司也有人、财、物方面的较强实力，而且是汇泉广场改造工程的实施方及改造后的运营方，产权归属与物业管理的一体化决定了其主人翁式的作业姿态；三是西会场的最大客源优势是面对整个西部老城区的广大居民，以及从青岛火车站来青的外地游客，这部分群体去崂山参节毕竟路途较远。因此，西会场虽以"啤酒+体育+音乐+休闲"为定位，可在新老城区之间要冲地带的横空出世，还是对东会场的参节人流存在一些影响，而人为设置的啤酒节"双城记"，让东、西部城区均未达到满负荷的理性目标。

分会场频频设立的底层逻辑，可归结为节日情结使然或干事创业的冲动，试图通过"多点"或"拉长"来增加啤酒节的时空容量。然而实际效果却未能全然如愿，因为超出节日需求的临界点就相当于分化了节日固持的地标意义，也稀释了节日文化资源的黏稠度。到第16届时，又添加了登州路啤酒街会场，所谓"三城联动，全城狂欢"。更有甚者，为加快啤酒之城的打造，还多次改变节日时序和扩容增量。如1997年青啤宫建成，当年的啤酒节结束后，就尝试一直营业到9月底，结果不尽如人意；2002年5月至6月，为了借韩日世界杯足球赛的热度，市里要求在非啤酒节期间打开城门，试图以青啤宫为依托掀起啤酒之城聚众的小高潮，结果依旧难言圆满；再如2003年12月推出了"双节"，即在崂山啤酒城内的青啤宫举办冬季啤酒节，在市北登州路的青岛啤酒吧举办冬季酒吧节，而且还首次喊出"永不落幕"的口号，显然难度较大并很快陷入难以为继的窘境；又如第26届结束之日黄岛区会场宣布"短暂休整后再开城门"，结果也未能延续精彩；第29届闭幕后黄岛区会场临时决定再延期一周，多数商家的反应是"未达理想"。

道理很简单，一是不能违背天时，严冬时节不宜大量饮用啤酒是基本常识，创意和口号煽动的热情并不实际；二是不能随性透支，节日也需要喘息，刻意地拆分或延长都是对节日魅力的消解，只有特定时间的紧扣和畅享才是对节日的信奉加持；三是凡事都有始终，开幕就要落幕，所谓"永不落幕"可看作发起者们的热望难消。

一座闻名中外的啤酒之城不能单靠主观意愿来确立，更不能简单地依靠啤酒节的永不落幕，而要有客观立足的强力支点——一是悠久且不曾间断的啤酒生产历史，二是啤酒产业在城市经济总量中占比较大，三是啤酒品牌拥有广泛的国内外知名度，四是具有特征鲜明的城市啤酒风俗，五是啤酒文化是城市文化的重要组成部分，六是喜好品饮啤酒是市民惯常的生活方式，七是啤酒的传奇色彩是城市外宣的必由话题，八是从不排斥外来啤酒在本地的市场经销，九是持续举办以啤酒为主题的全民参与的盛大节日，十是啤酒及其衍生的节日对外来游客具有持续吸引力。在粗粗梳理的十个支点中啤酒节排位第九，原因在于世上许多啤酒强国也不曾举办大型的啤酒主题节庆，如丹麦、荷兰、捷克和墨西哥，但这些国家都有为世人称道的啤酒之城。因此，"永不落幕"是个勉为其难又不得不喊的口号，经营者则未必内心赞同。"永不落幕"的应是城市的啤酒文化，节日到点就当落幕，就像潮起潮落的自然现象一样。

设立分会场不单是个地域性话题，出于对青岛啤酒节名望的倾慕，国内外的不少城市也都以各种渠道与承办方联系，希望在当地设置青岛啤酒节的分会场。目前已知最早的是海南省海口市，1996年即提出设置分会场的申请，我国的武汉、香港等城市也曾有

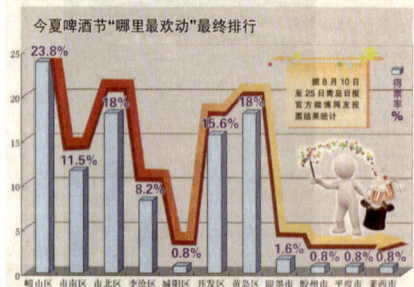

媒体对各区市啤酒节会场欢动指数的排行

第14届青岛国际啤酒节汇泉广场分会场办节期
间构筑的景观

2017年8月，青岛国际啤酒节首次在武汉设置会场

2020年8月，首届淄博青岛啤酒节开幕现场

第11届啤酒节开城式奥运五环已然挂上城门

第12届啤酒节的巡游队伍中添加了帆船元素

此愿。国外有韩国大邱、哈萨克斯坦的阿斯塔纳和利比里亚的蒙罗维亚等，都曾有与啤酒节或青啤集团合作办节的意愿。这当中，有的已经顺利实施了，但多数因条件不成熟未能实行。

优秀的节日定是本土化的产物，它的根系定位决定了成果的品位，因此合作未成不一定是坏事。近些年国内有的城市也扯出慕尼黑啤酒节分会场的大旗，无非想借助"正宗"和"地道"的德式资本，来营销自己的节日和产品。慕尼黑一向行事严谨且珍惜名誉，在自己城内都不设啤酒节分会场，跑到万里之遥的国外去设会场更是断无可能。

欣 逢 奥 运

在中国举办奥运会是国家和民族层面的宏大目标，承办奥帆赛是青岛百年梦寻的理想所系。有资料显示，青岛是国内最早经常性开展帆船运动的城市，20世纪初德治下的岛城汇泉湾一带就有外国人驾船的片片帆影。在奥帆赛这个近乎神圣的使命感召下，青岛各项工作的重心都向其贴近或为之倾斜，啤酒节也不例外。自2001年申办成功年至2008年隆重举办，在长达八年的时间里啤酒节一直与奥帆赛连接紧密，都要融入足量的奥运元素。例如每届的开幕或开城活动，啤酒城大门的装饰、艺术巡游方队的组成、节日主题口号的组联、节歌中关键词的调整、打开城门的方式。再如，节日特意增设竞技类活动的安排，如"举杯向前冲，欢乐竞技场"，以呼应奥运之年的城市运动氛围；节日作为最能彰显城市个性的客厅，两度热情接待了参加奥帆测试赛的官员、选手和媒体记者……凡此种种，都说明啤酒节承担了宣传推介奥帆赛的重任，同时也借助奥运题材为节日博取了各国媒体的赞扬。

奥帆赛带来的最大影响是啤酒节举办日期延后。9月19日已至中秋时令，且中秋节已过四天，显然不是品饮啤酒最舒爽的时节。这天开幕的啤酒节与史上最晚开幕的一届（第2届）仅差一天。早在2007年11月，市里就发文催促尽快确定第18届啤酒节的举办时间和场地，以便围绕奥帆赛来统筹安排2008年全市的重大活动。市啤酒节办公室的回复是拟安排在8月16日开幕。这个时间与8月9日开幕的奥帆赛错时一周，可避开奥帆赛的高峰期；市节庆办2008年4月2日给分管副市长所提建议的第一方案是，啤酒节可提前至7月5日至20日举办，益处是将节日作为迎奥宣传的载体和平台；再者，2006年、2007年青岛连续举办了两次奥帆测试赛，赛期与节期的部分重合从未影响二者并行不悖的顺畅运作，甚至"一节一赛"的相融互促还成为媒体热炒的话题。

2008年4月18日，在啤酒节的方案已成雏形之际，市里又召开专门会议讨论啤酒节与奥帆赛的时差关系，市政府主要领导、分管领导及有关方面悉数参会。会上，先是听取了当届啤酒节的方案汇报，与会各部门也对方案提了修改意见和建议。鉴于奥帆赛在治安保障方面的压力，公安部门所提的关于取消举办啤酒节的建议引起与会者的热烈讨论。最后，市政府分管奥帆赛筹办的领导所提的意见起了定海神针的作用："前两年搞了两次测试赛，无论领队教练还是参赛队员，以及赛事组织官员和相关媒体记者，都去啤酒城体验过青岛的盛情和节日的魅力，今年无故取消啤酒节很难被人们接受，建议节日不停办可延期。"

至此，长达半年围绕第18届举办时间的纠结得以解套，而延后举办还创造了一项时间之最——10月5日是节史上闭幕最晚的一届。其实，参与奥帆赛的选手和来宾，参赛或保障比赛是工作任务，而借机能参与所在城市的特色节日，才是他们的额外收获——深入了解和感受这座城市的人文气息与生活方式。当然，公安部门担心"一节一会"同期举办警力吃紧也是职责所在，错峰处置未尝不可。

无可否认，青岛作为奥运伙伴城市的压力显而易见，由于筹办奥帆赛整座城市都在经历着兴奋和紧张，尤其2008上半年的许多正常活动，包括旅游、会议、展览等也都在紧张的气氛中纷纷为奥运让路。正因如此，当年的啤酒节必须担起奥运后启动旅游市场的重任。实践证明，啤酒节无愧于"旅游经济发动机"的称谓，再次交出合格的答卷——与400家旅行社签订了购票协议，与100多家旅行社商定推出啤酒节专线游。同时，节日吸引了12家世界知名啤酒品牌携带48种啤酒参节，城中搭建了14座啤酒大篷，总面积超过3.2万平方米。节日共接待市民和游客306万人次，消费啤酒1060吨，再创节日单一会场的最高纪录。

芳 华 二 十

2010年是啤酒节的第二十度绽放，虽还略显年轻，但已蕴蓄丰厚。"丰厚"一词或许过奖可又恰如其分，因为它的盛誉不是涓涓细流的积累过程，而是轰轰烈烈的高歌猛进。它年复一年对市民热爱的周期性激活，对外来游客的持续性吸引，都为这份丰厚做了最好的诠释。社会上曾流传过比较认真的笑谈，啤酒节举办期间人们相逢，三句寒暄中必有一句与啤酒节相关，至少在与节日联系紧密度较高的人群中的确如此。有一点毫不夸张，20年来青岛的许多家庭都与这个节日发生过或深或浅的交集。要么作为筹办者为此艰辛付出，要么作为啤酒商入城与节共舞，要么作为参节者体验过它的狂欢激情，要么作为演职人渲染过它的五彩缤纷，要么作为媒体人渲染过节日精彩，要么作为供应商为节日配套出过力，要么作为执法者为节日保驾护航……总之，啤酒节不仅赋予了青岛与世界干杯的特殊角色，也给它的每个家庭和每个市民定制了与节亲近、爱节始终的幸福身份。

第20届啤酒节可喜可贺、堪称经典，所以这届是创制大型纪念画册和节日礼品最多的一届。其中史料价值较高的大型画册有三种，包括书法名家题贺的、媒体编撰出版的、企业赞助印制的；简易的宣传册页、折页和导览图就更多。所谓史料价值是由啤酒节的生命力和成长性决定，相信只要被保存10年这些画册作品就会发光，20年就会发热，保存30年就会成为宝贵的历史见证。

酒 城 再 造

不到20年的时间里，啤酒城经历了三次奠基（或建设启动）和两次大的改造，这是本段小标题不用"改造"而用"再造"的原因。三次奠基分别是1993年12月24日、2008年10月5日、2010年12月18日。一座酒城三次奠基，本身就非比寻常，也颇具传奇色彩。两次大的改造：第一轮是1998年环宇乐园的改造建设，不管最终落个怎样的结局，客观上可都算是为节日和旅游配套所做的娱乐化改造；第二轮改造是颠覆式的，除了为啤酒节预留约6万平方米的节庆广场（约城中占总面积的三分之一），其余面积均作为商业开发之用。

应该说，啤酒城两轮改造都有良好的初衷，目的是改变节期太短、闲置太长的状况，提高这片土地的利用率和产出效益。开发商的利益指向也没错，因为利益最大化是企业的本能之需。后来出现的纠结在于，开发商与政府的利益点无法协调为合辙同拍的共鸣，尤其面对的不仅是啤酒城这座物质化载体的存废，还有啤酒节这个业已高度人格化的盛大节日之兴衰。如单纯对啤酒城"伤筋动骨"不会引起多大的阵痛，但若伤及了啤酒节必会引起强烈的反弹。当然，不能将纠结的根源都推到开发商一边，他们是在与政府所签合同的框架内履行必要的建设行为。

在竞争日趋激烈和追求高速增长的大背景下，人们或许已看不清啤酒节曾经的来路和多年的作为，也不太在意一座啤酒城每年一届仅十几天的微量产出。话说回来，始终不改造也未必不可，　或许也可以让啤酒城在经历狂欢的沸腾后休憩大半年，予以适当的闲置容忍。因为啤酒城是夏日岛城的全民期盼，改造成全天候的商业城或金融城，就会失去掀起盖头的那个美妙瞬间带来的惊喜。余光中曾言，天下的一切都是忙出来的，唯独文化是闲出来的。啤酒节是青岛百年啤酒文化的集大成者，有节律的闲适或更有利于它的养精蓄锐和强筋健骨。

风物长宜放眼量。如果以200多年未曾改变性质和功能的慕尼黑啤酒城为参照，可发现那片场地的闲置率高得离谱，但那份淡定和韧性很值得效仿。如果不计文化成本地放弃特蕾莎广场的办节使命，新建成一片炫目的高楼大厦，或可对经济增长的短期

2008年10月5日，参节来宾为啤酒城改造启动打桩机

目标有益。但他们毕竟理念老道、目光长远，对啤酒文化的深度附着始终不忍割舍，甚至宽待一座啤酒之城的长期合理闲置。慕尼黑深信旅游经济的长远反哺要优于楼宇经济的短期回报，这也是那个节日能兼顾人文给养和经济效益，做到饱经沧桑又长盛不衰的根由所系。然而，啤酒城毕竟不同于一般的商业开发地块，可以轻易地抹去地面上的一切原本存在，也可以高傲地改变天际线的习惯视觉。这里近20年沉淀的节日精神和文化尊严，应得到持有不同商业观点的人们共同的敬重。

场 地 东 迁

在啤酒城改造的大背景下，从第21届啤酒节结束后，主办方就马不停蹄地寻找适合节日迁址举办的场地，先后对市体育中心、石老人浴场及沿岸、世纪广场等五处地

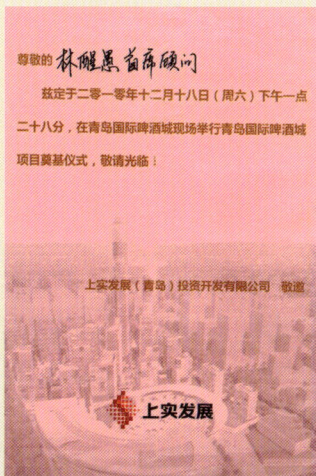

作者参加奠基仪式的邀请函

2010年12月18日，啤酒城第三次奠基的现场

啤酒城1号楼拆除中(2009年)

世纪广场作为啤酒城之前的状况（2011年）

拆除中的青啤宫(2013年)

点进行了踏勘和丈量，经过对总面积、抵达性和停车条件等指标反复比较后选定了世纪广场。世纪广场由五个相对独立的小广场组成，由北向南依次是行政广场、会展广场、文博广场、商业广场和休闲广场。每个广场的面积不等，合计约11万平方米。此处办节也有不足之处，一是行政广场紧邻区政府办公大楼，根本不能用于办节，休闲广场相对偏远又被香港东路所隔难以形成氛围的衔接，而文博广场和商业广场还是围挡中的"半拉子"工程，不经大规模回填和大面积平整无法使用。就算加上会展中心的水晶大厅、市博物馆院内及东侧的空闲面积、拟封闭的苗岭路和梅岭东路的部分路段，第22届啤酒节实际可用的场地也不过14万平方米。最关键的是，与啤酒城方正围合的团状相比，世纪广场整体呈带状布局，加上中间两条道路的分割，不利于节日氛围聚合效应的形成。

东迁世纪广场是啤酒节在崂山区日渐式微的开始，在新场地举办九年的实践已确证了这一观点。尽管迁后的前三届在惯性的推动下还能维持不致大起大落，但随着啤酒节在黄岛区的强势崛起，不但节日规模出现总体萎缩，回迁啤酒城办节的愿望也兑现无期。当然，用城区经济发展的增量指标来考核，有无啤酒节对崂山区已不像过去那么重要。只可惜，积蕴了20多年的节日辉煌记忆和啤酒文化遗存会逐渐消散，曾经地标式的啤酒城也只能残存于照片或影像中供人们咀嚼回味。综观经济高速增长的来路或可发现，不光是一座啤酒城的黯然退场，在追逐各项指标的奔袭之路上，我们极容易忽略人文资源和舍弃传统优势。

调 查 评 估

对啤酒节进行市场调查始于第9届，市节庆办委托青岛城市社会经济调查队，通过《青岛生活导报》（现《青岛早报》）开展了有奖问卷调查；第12届啤酒节举办期间，崂山区统计局组织专人对游客参节满意度及消费情况展开调查；第11、12届啤酒节闭幕后，青岛凯顿市场营销研究所又从民意反馈的角度进行了两次市场调研；第13届啤酒节举办期间，市统计局对啤酒节进行了摸底式的市场调查；第15、16、17届啤酒节期间，崂山区统计局对啤酒节再度进行了较全面的抽样调查或专题调研。上述多个时段的调研有助于摸清节日上升期的数据变化，为决策和把握节日的走向提供了重要的参考依据。

2012年至2014年，上海师范大学课题组以第三方的身份对啤酒节进行了全方位评估。评估以第22届至24届啤酒节的真实运营状况为基础数据，以世纪广场啤酒城为核心采集点，以崂山区和市内三区为主要采访幅面，以旅游景区、星级酒店、餐饮企业和购物中心等为外围着力点，展开随机访谈、数据采样、综合分析和结论研判。以下是第23届啤酒节的评估结论：

——对旅游及相关产业拉动十分强劲。旅游、餐饮、宾馆、交通、商贸、物流、通讯、传媒和广告等产业受益明显。节日创造了2万多个临时性就业机会，产生直接经济效益9.07亿元，对全市经济贡献高达38.31亿元。其中，在崂山区产生的经济效益约10.58亿元，拉动GDP增速提高2.81个百分点。

——对城市品牌形象的播扬功绩卓著。节日强化了城市形象的感召力，拓展了青岛对外交流的广阔空间，是提升城市品牌形象美誉度和影响力的有力助推。同时，啤酒节构架起连接友谊与合作的宏大平台，并成功地担负起将青岛推向世界和把世界融入青岛的重要使命。

——对青岛市民幸福感的明显提升。节日促使基础设施日趋完善，城市环境日益优美，生活质量明显提高。节日顺应了市民的情趣需求，丰富了群众的文娱生活，提高了公众的自豪感和幸福指数，成为人们热衷的生活方式和依恋这座城市的理由之一。

——对城市文化的传承和弘扬贡献突出。啤酒节是青岛百年啤酒文化的代表作，并在更高层次和水平上实现了由企业文化向节庆文化的过渡以及由节庆文化向城市文化的递进。如今的啤酒节以无法复制的欢娱符号，烙刻在青岛本土深厚的文脉之中，成为代言青岛的鲜明文化坐标之一。

通过上述纲领式的评估结论，可知晓啤酒节对城市文化所做的贡献，也可大略知悉过往某一时段的宏观数据，更可获得持续办好节日的信念和膂力。对啤酒节应当至少每五年进行一次透彻的调研分析，以便掌握真实数据，摸清自家家底，做出正确研判，廓清发展方向，不能只是每届数字的笼统增长和效果的含混拉动。

在采信度上，第23届啤酒节崂山区会场统计的主要数据，与第25届黄岛区会场公布的数据恰可互为印证，尤其是节日的直接效益，媒体登载如是："金沙滩啤酒广场24天狂欢产生直接经济效益8亿元，拉动全区GDP0.3个百分点。"啤酒节的直接经济效益在两个区相差不大，拉动GDP的数值因统计口径不同虽不具可比性，但也有相互参照的价值。

虽然上述多轮调查的目的和方式不尽相同，再刨去不同年份各种因素产生的水分，但最终还是能规律化地梳理出比对性较强的数据答案。时间是最好的试金石，大数据的获取是研判节日的重要依据。通过1999年至2013年长达14年之久的数据采集和

媒体发布的对第9届青岛国际啤酒节的调查问卷　　第12届青岛国际啤酒节闭幕后媒体所做的民意调查

调查分析，再结合自首届以来能查找到的统计数字及近些年的增长变化，操盘者既可归纳出啤酒节有根有据的发展脉络，也能为节日未来的价值取向提供参考。

　　——参节人均消费额。从第12届的105.81元，升至第15届的160.68元，再升至第23届的241.81元。

　　——参节人均饮酒量。首届为0.85升，第29届为0.97升。单从数字看变化不大，说明啤酒节活动日趋丰富多元，人们也更加注重健康适量饮酒，不再以喝酒为参节的主要选项（以品饮啤酒为目的入座篷中的饮者，人均饮酒量为2.93升至3.3升）。

　　——域外参节游客比例。首届啤酒节约为10%（6月未到旅游旺季，只是沾了"青洽会"的光），第23届为51.9%（比第22届提高9%）。

　　——境外游客参节比例。首届为0.67%（约2000人次），第29届约为3%（约22万人次）。

　　——参节性别及年龄构成。以第23届为例，男性为51.9%，女性为48.1%；参节年龄段，17岁以下为9.3%，18岁至44岁为76.6%，45岁至59岁为11.5%，60岁以上为2.6%。

　　——国内外啤酒品牌比例。以第9届为分水岭，当届国内和国外参节厂商各19家。其后，国内酒商的参节比例大幅下降，国外啤酒品牌参节比例迅猛上扬，最悬殊时为9∶91。

　　——对青啤品尝的比例。在第11届与第12届的数据比较中，消费者品尝青岛啤酒的比例由89%下降至77.6%。这一变化确证了上述"分水岭"存在的真实性，也说明国外啤酒销往

110

啤酒城旁住，起步价五百

啤酒节吸引八方客流，吃住行搭上"节日经济"

一年一度的啤酒盛宴吸引了全国各地的客流，这也直接拉动啤酒城周边服务行业的发展。8月9日，记者调查发现，啤酒节期间崂山区世纪广场啤酒城附近的酒店已经一房难求，而且价格飙升，就连亲民的连锁酒店最低也要500元/间。与此同时，来青的机票相比去年同期也高出了两成。

机票上涨，仍然要来青

"兄弟，我订了10日飞青岛的机票，专门来过啤酒节，你可得负责接待。"8月9日，家住崂山区的张先生接到了武汉好友的电话，他笑着告诉记者："这已经是今年第三个电话说要在啤酒节期间来青岛的了。"

记者在采访中了解到，啤酒节对于不少青岛市民来说是接待奔赴啤酒节这张闪亮的"名片"，近期来青的巴士、火车票订票要提前不少。

"恨早就把火车票订好了，去年就是因为订晚了，遗憾没能来青。"从郑州来青的郑女士告诉记者。

啤酒节来青机票的价格更大涨，啤酒节期间平均价格较去年高出约20%，与6、7月份的价格相比，涨幅超过50%，以北京飞青岛为例，去年7、8月份的平均折扣为7折左右，今年涨至9折以上，如果是当天购买，甚至一票难求。

价格飙升，酒店仍爆满

"对不起，在啤酒节前几天我们已经没有房了。"尽管啤酒节尚未开幕，但是崂山区世纪广场啤酒城附近的连锁酒店和星级酒店都已经客满。

麒麟皇冠大酒店，海景世界、极地海洋世界等地的客流量则带来了充分的接待量。

当然，此时连锁酒店的价格也是水涨船高，想要在啤酒城附近找一家500元以下的连锁酒店几乎已经不可能，记者采访了解到，啤酒城附近的汉庭连锁酒店最低价格为650元/天，如家的预订价格为699元/天。

"早出晚归"，景区也过节

来自崂山风景区的消息显示，在啤酒节之前每天就有约2万人进山，啤酒节开幕后进山人数会有明显增长。"每年啤酒节的时候也是我们最累的时候，上班时间提前了，下班时间延迟了。"崂山大河东客服中心检票员孙绞说。

每年一到这个时候，该服务中心都聘请临时检票票员，否则根本忙不过来，今年暑区就聘请了6名。孙纹说，按照此前的经验，不少游客是白天爬山，下午到了市区去啤酒城内喝一场。

岛海天剧院大酒店、蓝海大饭店远洋大酒店的房间早早被抢订一空。"直到8月19日以后才会空房。"蓝海大饭店的工作人员表示。而记者了解到，如今房间的价格也是一路飙升，像蓝海大饭店这样的普通的大床房就已经涨到了1560元/天。

大小老板，掘金啤酒节

啤酒节最直接的受益者之一，是周边丽达、乐天玛特两大超市的经营业户。记者几次前往啤酒节主会场，都收到了各式各样的小吃折扣券等宣传册，啤酒城周边部分区域也出现了许多出售小吃的摊贩。8月8日下午14时许，距离会场最近的一家连锁餐里里仍然人满为患，其中不少是冲着啤酒节前来的游客。

不仅仅是大超市和小老板，特色展会也纷纷嗅到啤酒节商机。8月22日至26日，香港时尚购物展将在青岛国际会展中心1号及3号馆首度亮相，共展210多家香港参展商带来的

半，停赛时间延后到下午6点半，啤酒节开幕后进入人教会有时间显著增长。每年啤酒节的时候也是我们最累的时候，上班时间提前了，下班时间延迟了……

350多个品牌，从时尚服饰、珠宝钟表、手袋箱包、家具精品到健康食品、个人护理及美容产品一应俱全。

记者在采访中了解到，啤酒节对周边经济产生了强大的辐射效应。据第三方评估机构调研数据显示，2012年第22届青岛国际啤酒节对青岛市旅游、食宿、购物、交通、会展等行业产生强劲的拉动作用，拉动崂山区GDP提高2.9个百分点，拉动全市GDP出租率高达98%，环比上涨6.19%。

一房难求该咋办？

7月下旬开始，岛城进入旅游高峰期，随着8月10日青岛国际啤酒节的开幕，市区的住宿更是到了一床难求的地步。对此，青岛市旅游等相关负责人表示，青岛的宾馆酒店全年入住率为60%左右，但在每年七八月份会出现季节性的供需紧张情况，岛城可适当发展农家乐、家庭旅馆等住宿方

式，作为缓解客房紧张的解决办法。

青岛市旅游局的相关负责人表示，旅游高峰期住宿紧张情况属于季节性供需紧张，并不能说明岛城的整体住宿情况无法满足游客住宿需求。"从2008年青岛举办奥帆赛以后的这5年时间里，青岛陆续增加了3000多客房，从统计的全年入住率来看，青岛市的酒店年入住率为60%左右，从这个数字可以看出，目前岛城的住宿硬件是完全能够满足住宿需求的。"该负责人表示。

"该负责人表示，青岛跟其他多旅游城市相同，住宿情况随同旅游市场一样呈明显的淡旺季。每年的7月中旬开始到8月底是青岛旅游的最高峰期，而对于酒店住宿而言，这段时间的周五和周六晚上的房间更是旺季里的高峰。一房难求主要是指这几个时间点，然而一旦过了这几个点，平时的住宿条件完全可以满足游客的需求。"

"那如何解决高峰时段的一房难求的局面呢？"现在青岛很多的家庭旅馆，农家院就是一个很好的补充力量，它们可以有效缓解旅游高峰期的住宿压力，同时为旅游者提供更多的住宿选择，而且这种住宿方式更方便游客深入了解当地的文化，使整体体会另一番旅游味道。"该负责人说。

本报记者 王元孔 周晓荷 景毅
见习记者 于红觊

第23届青岛国际啤酒节期间啤酒城周边酒店价格调查

记者调查旅游旺季岛城酒店房价对比表		
酒店房间	旺季价格	平时价格
麒麟皇冠大酒店山景标准间	1840元/天	714元/天
青岛陆上凯越酒店大床客房	1955元/天	1265元/天
青岛海岸景苑大酒店商务大床房	898元/天	388元/天
青岛海天大剧院酒店标准大床房	998元/天	650元/天
7天连锁酒店(青大店)的经济房	507元/天	277元/天

中国的节拍在加快。

——最受欢迎的活动项目。除了啤酒品饮这个"规定性动作",公众首选最受欢迎的活动是饮酒大赛,而且喜好的比例数十年未变,反映出好客山东的青岛人对"海量者"一向刮目相看。同时,对开幕式文艺晚会的兴趣由第9届的38.2%,下降至第23届的27.1%。

——对物价问题的关注。从第9届啤酒节时63.2%的公众认为啤酒城中物价稍贵,至第23届时这一观点还高达49.6%,可见物价问题是啤酒节的长期困扰。

——关于举办时间的选择。第12届啤酒节期间的调查问卷共给出5个时段,其中选择每年8月10日至30日的比例最高,达47.7%,每年7月10日至30日的比例最低,仅为3.1%。

——对设置分会场的态度。从第9届90%的赞成率,下降至第23届的32%,发生了明显变化。

——节日的满意度调查。第12届:24.9%满意,66.6%基本满意,7.3%一般,1%不满意,其余为无所谓。第23届:26.6%满意,56.2.%基本满意,14.9%一般,0.6%不满意,其余为无所谓。

据粗略统计,第1届至30届啤酒节共吸引约8700万人次参加,这一统计不包括历届参节人次低于30万的各分会场。按照外地游客30%的综合比例测算,30届啤酒节共有2610万青岛以外的游人参加;按照境外3%的比例估算,约有261万境外游客光顾过啤酒节。

数字无小事,采信须审慎。以上基础数据的采集大部分来自统计部门、学院团队和专业机构,这部分数据较为可靠;有些则来自官方文件或媒体披露,这部分数据未必经过精确的考证。上述所有结论性数据,是本书作者在查找各方资料并反复比对的前提下,经综合判断推算而来。

啤酒节犹如马力强劲的引擎,它的主会场落址何处便会为那个区域带去浓厚的开放气息,产生高效的经济推助力,这是30年来不争的事实。20世纪90年代初,啤酒节为市南老城区带去的兴盛已成为经典往事;90年代中期东迁崂山区至新世纪到来前的五年,啤酒节对崂山区人气的聚集和商机的提升起了不可替代的作用;2015年节日的动能优势转至西海岸后,对黄岛区经济社会的发展更是指数级的强势拉动。

30年来,啤酒节或长或短在青岛的所有区市都有过举办经历,唯有在崂山区共举办了27届,而且崂山长期作为主会场的姿态领衔全市。在市场调研得出清晰的量化数据的同时,崂山区的主要领导在接受各类媒体的采访时,都无一例外地对啤酒节在崂山举办带来的绩优效应赞不绝口。从高科技企业纷纷关注,到各国客商接踵而至;从大旅游氛围的营造形成,到房地产板块的加速升值……啤酒节就是青岛市民和外地来青游客关注崂山的标准时间，啤酒节的开幕之日就是周边宾馆、饭店和商家集体涨价之时。直到2012年会场迁至世纪广场后，啤酒节在崂山区进入了不温不火的状态，那种曾经红火异常的评价开始逐年降调。黄岛区以第25届为起点，以大场地、大规模、大手笔为办节模式，虽然尚无精准的比对性数据亮相，但社会公众的切身感受并不含糊，尤其在城区形象提升、文旅人气聚集、投资商机叠涌等显性指标上，人们确信崛起中的新区因举办啤酒节必定受益良多。

节 之 博 物

啤酒节迁至世纪广场后，分别于第22届、24届举办过啤酒节博物展。虽然每次展出与节同期、时间不长，布展环境也相对逼仄、不够理想，但每次筹备都有板有眼、布设得当、效果显著。从文字档案到实物珍藏，从各类参节票证到各色宣传物品，从典型人物发掘到品牌塑建历程，从早先的酒杯酒具到历届的节日礼品，从人物现场讲解到电子触屏演示，都展陈得当、有模有样。应当说，博物展既是对20多年节史的深情回顾，也是对今后办好节日的信心凝筑。作为啤酒节历史上的标志性事件，博物展的成功并非体现在有多少人慕名前来参观，而是创造了两度全面梳理节日文化遗存的机会，也由此发现节日的一些有形或无形资产正在流失，甚至有必要对之进行抢救性发掘。从打造百年老节的意义上推究，这绝非危言耸听。

殊 荣 备 至

2005年及其后的十年，啤酒节多次派员参加国内节庆领域有较高水准的专业研讨和论坛活动，不放过任何传播办节理念和成熟经验的机会。同时，啤酒节也积极参加各类评选机构的评奖活动，这些评选既有行业协会召集的，也有知名媒体组织的；既有著名学院颁发的，也有各类社团搭台的。只要有利于以真实水平在业内营造气场和在业外扩大影响，啤酒节就不会轻易错过。久而久之，节日在业内的标杆地位愈加凸显，并由此形成业界对青岛国际啤酒节典型案例的推崇。比如2008年《中国会展经济发展报告》蓝皮书，以上海的公共场所作为采访点、以外地赴沪游客为对象的调查显示，青岛国际啤酒节的知晓率为81.47%，位居国内节庆活动首位，高出第二名上海旅游节15个百分点。需要说明的是，这次调查是在啤酒节承办方完全不知情的情况下进

第22、24两届啤酒节期间博物展存照

啤酒节历年获奖集萃

啤酒节在崂山区鼎盛时期的啤酒城全貌（2009年）

114

行的。又如啤酒节曾连续九年荣登现代节庆活动评选的榜首，虽然会引起其他参评单位
对评选程序公正性的质疑，但啤酒节在一路高歌的辉煌征程中确有舍我其谁的自豪感。
据不完全统计，国内的四个主要评选机构在这一时期颁发给啤酒节的荣誉达20多项。

这一时期，啤酒节也多次借助外脑对节日进行指导和诊断，规格较高的一次是
2006年6月9日至10日，由青岛市政府和山东省旅游局共同主办的"现代节庆活动与旅
游经济发展高层论坛"。论坛邀请了国内外业界的16位专家到会，围绕"节庆让旅游
更精彩"的主题，以啤酒节为现代节庆活动的成功范例，全面深入地评析节日的成功
缘由和不足之处，重点是探讨节日与旅游的关系及指点啤酒节未来的提升路径。

另一层次较高的论坛是2006年8月12日第16届啤酒节期间举办的"国际啤酒企业
CEO论坛"。这个论坛邀请了德国唯森、科隆巴赫、柏龙，日本朝日，丹麦嘉士伯，
中国青岛啤酒等世界知名啤酒品牌的CEO或海外销售高级代表参会。虽然是啤酒企业
的代表，在关心啤酒生产工艺、质量和市场的同时，各位代表发言的话题会时不时地
切入啤酒文化和啤酒节中。毕竟啤酒文化和啤酒节都是世界级的话题，无论是在德国
还是在日本，许多啤酒生产大国都有各自知名的啤酒节。从2007年往后，每届啤酒
节都照例会在总体方案实施之前，以各种形式向国内或本市的专家征求意见，确
保"广纳良言、开门办节"的愿望得以实现。

影 像 记 录

啤酒节的色彩感和画面感很强，前十届以纸媒的渲染为主要宣介渠道，第10届
后视觉传播的分量开始加大。前五届啤酒节留下的视频资料不多，估计大都在青岛
广播电视台的音像资料馆里处于休眠状态，很少有人去发掘和唤醒。其他散存于相
关部门和单位个人手里的零散影像资料，估计也都未能系统地整理和保存。多数情
况下，选择遗忘是社会通病，喜好逐新是社会同好。第11届啤酒节后节日的影像资
料开始逐渐丰富，至少每届做一部宣传短片儿成惯例。这些阶段性的影像成果虽有
届届相似的重复，甚至大段画面的雷同，但从非专业的角度讲还是起到了对啤酒节
的宣传推广作用。

经时间过滤后价值较高的片子有两部，一部是第24届啤酒节时拍摄的纪录片，
一部是第28届啤酒节结束后制作的宣传片。两部片子定位不同、各担己任，优点是
都蕴含了啤酒节的厚度和温度。前者是以人物为主线串联的纪录片，不事雕琢与夸

饰，有烟火气息，有人文意识，有洗尽铅华的素颜之美，有一己情怀与节日命运的关联，为普通观赏者喜闻乐见；后者兼具凝视与遐思，是专为筹建国际啤酒节联盟而作，有时空纵横、想象辽阔、淋漓尽致的酣畅之情，有青青之岛与世界干杯的热望，为广交天下朋友铺设了通晓节日真谛的观赏桥梁。

【一己私怀】

往事情景一：说起来有几分巧合，啤酒城的三次奠基我都在场：第一次是奠基典礼的牵头操办者（1993年12月24日），亲力亲为每一项具体的礼仪事务；第二次既参与了启动仪式活动方案的策划讨论，也目睹了打桩机启动的瞬间（2008年10月5日，虽叫启动仪式，实则是奠基氛围）；第三次是作为嘉宾向基石培土的奠基人（2010年12月18日），相信也是现场来宾中心情最复杂的一位——是为啤酒城的新生培土，还是向这座浸满我情感的城池告别？早在2006年6月，分管的副市长与我约谈时我就有预感，约谈的目的是市里想在啤酒城改造之前，搞清啤酒节参节人次的年增长率，这与啤酒城改造后的容量有直接关系。我统计了一下首届至15届的年平均递增数，结论是：15年来参节人次平均年增长约14.91%（不包括分会场）。按照这个增幅，改造后啤酒城预留的6万平方米，显然满足不了节日规模持续增长的需求。

情景感悟：从奠基典礼的操办者到成为奠基基石的培土人，差6天刚好17年整。这17年啤酒城至少换了四拨主人，节日在此也累计接待市民和游客超过2100万人次。这17年我也从36岁的青壮年到了年过半百的岁数，从"基石"到"基石"的奇幻穿越，恰是岁月的造化和命运的安排，让我始终未离开啤酒节这条人生的必由之路。记得第17届时我被评为啤酒节宣传大使，在发表当选感言时我说的话至今仍萦绕于心："17年来一直陪它走过，而今我老了但啤酒节永远年轻……"然而，那个永远年轻的节日可能从此很难再回归那个与它青梅竹马、并肩前行的啤酒城了。

往事情景二：两次筹办啤酒节博物展暴露出的不足是，节日无意中流散了不少资料和物品，一些统计数据前后矛盾、不够翔实，尤以前十届为甚。原因之一是承办单位更换频繁，且疏于对节日资料的收集、整理和归档，使节日无法形成完整而系统的资料储备；二是主办方缺乏对节日的长远规划，包括总体布局、会场设置、市场分析、前景展望等。因此，节日规划的不确定性会导致承办方对资料和数据的处置不当，尤其是那些时隐时现的分会场的创设者，其办节的临时性也决定了各类资料和物

青岛市旅游局文件

(1995)青旅局人字第52号

关于林醒愚等同志任免职务的通知

局属各单位、机关各处室：

　经研究决定：
　聘任林醒愚同志为青岛国际啤酒城建设开发公司副总经理(聘期自一九九五年八月二十二日至一九九七年八月二十二日)；
　王作安同志不再担任青岛国际啤酒城建设开发公司总经理职务；
　邮涛同志不再担任青岛旅游实业总公司副总经理职务。

青岛市旅游局
一九九五年八月二十九日

"青岛国际啤酒城"定位策划及规划概念方案国际征集

最终成果汇报及评审会通知

尊敬的 林醒愚 先生：

　兹定于2008年2月27-28日在上海市高阳宾馆(东大名路815号)大会议厅举行"青岛国际啤酒城"定位策划及规划概念方案国际征集最终成果汇报及评审会，我们根荣幸地邀请您作为评审专家出席本次会议。

会议议程如下：

2月27日　方案汇报
　08:30-09:00 项目情况介绍，并推选专家组组长
　09:00-12:00 第一家公司汇报
　12:00-12:30 专家提问
　12:30-14:30 午餐+休息
　14:30-17:30 第二家公司汇报
　17:30-18:00 专家提问
　18:00 晚餐

2月28日　方案汇报、专家评议及投票：
　09:00-12:00 第三家公司汇报
　12:00-12:30 专家提问
　12:30-14:30 午餐+休息
　14:00-16:00 专家发言
　16:00-17:00 专家投票及填写意见表
　17:00-17:30 业主总结
　17:30 会议结束，晚餐

有任何问题请及时与下列人员联系：
上海国际招标有限公司
联系人：于方
电话：13901643299

青岛市规划局
青岛啤酒城开发有限公司
上海国际招标有限公司
二〇〇八年二月十九日

附件：《青岛"国际啤酒城"项目任务书》

市旅游局聘用作者任职的文件　　作者参加啤酒城规划方案评审会的通知

2013年10月，拆除中的啤酒城

青岛国际啤酒节
QINGDAO INT'L BEER FESTIVAL

宣传大使
Publicity Ambassador

林醒愚
Lin Xingyu

2007年8月，作者被授予"青岛
国际啤酒节宣传大使"

2008年度
首届"节庆中华奖"
授予
林醒愚
个人贡献奖

颁发机构：中华民族文化促进会
节庆中华协作体
青岛市人民政府
2008.3.28

2008年3月，作者荣获"首届节庆中
华奖个人贡献奖"

颁奖典礼

2008年3月，节庆中华奖颁奖盛典

聘　书

林醒愚 先生：

　　兹聘请您担任中国会展杂志社《中国节庆》专家
委员会专家暨第五届中国国际会展文化节组委会节庆
产业工作委员会委员。

　　特颁此证。

中国会展杂志社　　中国国际会展文化节
组委会
2009 年 4 月 28 日

2009年4月，作者被聘为"《中国节庆》专家委员会专家"

品易被忽略。

情景感悟： 我在近20年里先后七次撰文倡议筹建啤酒节博物馆，但只争取到两次举办博物展和一次筹建记忆馆的机会。博物馆迟迟未能付诸实施的主要原因是，人们对啤酒节的信念不够坚定，对节日的历史感认识不足。因为多数人不认为仅有20多届历史的节日有何宝贵的博物价值，并很少会对日常事物产生跨时空的联想。作为操办节日的当家人，办好当值的那届啤酒节是第一要务，博物馆不能说千秋功业但至少是百年大计，下决心担当这份责任确有较大难度。然而不争的事实是，由于时光拖宕久远加上其他各种因素，啤酒节的部分史实已相当模糊，如果今天不去发掘和珍藏，那么再过30年后重议此事，必会有更多徒叹奈何的感慨。

往事情景三： 这十年啤酒节所获的奖项，大半是我在颁奖现场领受的，我也是啤酒节那些光彩闪耀时刻的见证者。因为身份比较特殊，我既可作为独立学者超脱与啤酒节的隶属关系，从而有资格担任各类奖项评选机构的评委，又可作为啤酒节的策办者和知情人，对它做出深入细致的解读和评价；更何况，从研究者的角度出发，我一直关注节庆方面的学术研究，不会以单纯的感性触觉或偏狭的门户之见就做出厚此薄彼的评判，故此，我参与的评选活动从未因身份不宜而引起质疑。

情景感悟： 在当下，但凡评奖，都存在是否权威和规范与否的问题，也都不可避免地会产生争议，通常能评得大致合理就算不错。其实，每一种评价机制的形成或奖项的设立，都有其诞生的背景和存在的理由，而且主要是由"需求侧"在决定评奖行市的消长。与大多数获奖的节庆活动相比，对啤酒节的每次嘉奖都应是实至名归。

往事情景四： 啤酒女神评选作为节日文化的副品牌，其伴随啤酒节举办的历史仅次于酒王比赛，曾经强大的感召力和宣传声势也不似今日的波澜不惊。该项评选最初的创意源自1998年5月上旬，一家公司的负责人向我咨询，能否借助啤酒节的号召力来举办选美活动，并商定由我介绍他们公司先迈进啤酒节的门槛，再洽谈具体的合作事宜。啤酒节小姐评选作为啤酒节外围的挂牌活动谈妥后，我又帮助评选筹备团队联系市旅游局协调汇泉王朝大酒店，提供活动场所作为模特培训选拔和临时办公之用。评选活动期间对策划组织流程和重要文件的起草，我也尽心辅助或亲自拟写。在1998年及其后的多届评选活动中，也曾担任过评委或评委主任。

情景感悟： 处在上升期的啤酒节顺带创造了许多商业机会，啤酒女神选拔活动正是依托节日的生机和活力，才有了持续吸粉和日益壮大的可能。举例说，2001年海洋丽人大赛借助海洋节的平台，就未能产生如啤酒女神大赛一般的影响力。不过，啤酒

119

女神的评选活动也并非一帆风顺，曾因组织经验不足和商业色彩太浓，加之大赛的广告宣传声势过猛，致使前几届都存有争议、波折不断。记得1998年首届评选时，市委主要领导在群众来信上对活动做出"不见报、不上电视"的批示；2000年的评选则直接被喊停，原因是活动的"选美"性质受到质疑；2003年的评选也被投诉，取消一些单项评选后才得以继续。由于是仅借啤酒节之名兴办，主要靠市场化行为筹资，因此活动筹办中难免会有出于盈利考虑的奖项设置，比如第12届啤酒节筹办期间的评选，不仅有女神、皇后，还有四大名旦、八朵金花，甚至十大美人、八大金刚等，第14届又冒出四大天王的评选，显然名目繁多、奖项过滥且立意不清、缺少考究。那时我已调至市节庆办工作，与市委宣传部同在七层办公，人也大都熟识。因群众来信反映和投诉不断，我还专门给宣传部领导写过说明材料。于今回想，啤酒节小姐或啤酒女神评选的停摆或险些停摆，除了上述主观因素，还由于活动"接轨"得太快而未及考虑"国情"的特殊性。看来跨世纪只是时间概念的跨越，未见得是思想观念的跨越。

　　往事情景五：从2000年11月赴上海出席"旅游节庆发展战略研讨会"，至2019年12月在山东财经大学为MPA学员授课，是我借助各种机会、通过不同的平台，广泛传播啤

1998年，作者与首届啤酒节小姐比赛亚军

2003年，作者与啤酒女神

2004年，担任啤酒女神评委会主任

作者荣获 "2011年度中国节庆产业贡献奖"

2019年12月，作者在山东财经大学授课

酒节形象和办节理念富有成效的20年。经粗略统计，我先后到过国内的60个城市，涉及各类节会活动近百个，或体悟当地节日，或参加论坛研讨；或发表学术论文，或参与节庆评选；或指导对方办节，或业内洽商合作；或在大专院校授课，或接受媒体采访。以接受采访或发表文章为例，有央视4套、《人民日报》海外版、《人民画报》以及《中国旅游报》《中国文化报》《新民晚报》《扬子晚报》等；本土化的有山东电视台、《齐鲁晚报》和本市主流媒体的全部。以参加节庆评选或院校授课为例，几乎常态化地作为国内多个节庆评选机构的座上宾，参与了各类节庆活动的评选。同时，被上海师范大学、山东财经大学、青岛大学文旅高等研究院等聘为兼职教授或研究员，也曾给上述院校及北京第二外国语大学的学生授课辅导。

情景感悟：这20年说处处青山踏遍确乎夸张，说不停穿梭众城实有其事；多地的寻访和交流并不能说明我有多大学问和能力，只能说啤酒节滋养了我的热爱和抬举了我的名声。从这个意义上讲，一切个人成绩都源于啤酒节创造的荣耀光环，我只是光环幸运的受益者和辛勤的传播者。

往事情景六：上面提到的两部片子都与我有关，2018年的片名是 "与世界干杯——青岛国际啤酒节风采掠影"，是本人全程负责策划制作的，从脚本撰写到资料收集，从剪辑成片到外文翻译（中、英、德三语），前后仅用了一个月，可见时间之紧和压力之大。正因如此，这部片子在方案评审讨论会上获得交口称赞、一次性通过，仅对片头做了画面的微调，文字上一字未动。2014年的纪录片《与世界干杯——啤酒 城市 生活》制作过程中出现了多次反复，主要原因是创意制作公司的文案立意和画面取舍离审片领导的要求差距较大，最后无奈将脚本交我修改提升，我因之全流程地参与了片子的制作。

情景感悟：平心而论，2014年的纪录片原本有不错的创意构想——以一个人的办节经历和节日故事作为主线，串起24年啤酒节往事的百态千姿。但审片过程中多位办节人不能接受这条主线的存在，"不患寡而患不均"的心态又在作祟，结果制片方在修来改去中乱了阵脚，本该主次分明、气脉贯通的片子，最终难掩拼凑性和支离感的缺憾。那个充当主线人物的就是我，这或许是编导们对啤酒节纷繁旧往的一种优化物色，而不是我本人的有意为之。本人擅长的恰是理性地厚积薄发，对任何媒体的"曝光"都无欣然的应和感，更何况在电视片里以主人翁的身份示人。某种意义上说，为了服从制片的需要，我也是作为"道具"被使用的，为的是增强片子的结构性和连贯性。

2005年11月，作者与时任国际节庆协会 CEO
史蒂文·施马德（Steven Schmader）

2012年1月，作者被上海师范大学聘为"产学合作教育兼职教授"

第七章

腾跃的急板

恢宏·憧憬

时空对应：第25届至29届

【公共记叙】

啤酒节在第25届至29届期间的最大变量，是节日跨过胶州湾登陆西海岸。黄岛区辟设会场是30年来啤酒节最重大的格局之变，是节日事件级的重要拐点，使2012年后一直困顿于崂山区的啤酒节，仿佛被猛然按下了快进键——体量急速膨胀、张力骤然释放。需澄清的是，2015年并非黄岛区首办啤酒节，在西海岸设置会场的历史可追溯到22年前的1998年，其后2004年举办过与节日气氛相呼应的"干杯西海岸"文化系列活动，2014年也曾辟设过有一定影响的啤酒节会场。准确地说，2015年是以政府名义大规模举办啤酒节之始。而这五年的经历又形象地注解和验证了"三十年河东，三十年河西"这句老话，不同的只是把"河"字改成"湾"字就刚好对应。黄岛区会场对这五年的自我总结和评价是：第25届"一举成功"，第26届"一举成名"，第27届"史上最好"，第28届创下"6项之最"，第29届"再创7个新高"。

异 地 崛 起

黄岛区辟设新的会场后，对啤酒节自有新的认知框架和操作模式。短短五年，啤酒节在西海岸的狂飙突进确实令人称奇，因为那片土地曾被认为有诸多不宜办节之处，比如地利因素。青岛被称作啤酒之城，但通览啤酒节在全市设置大型会场的过往记录，黄岛是唯一没有大规模生产啤酒历史的城区。市南作为曾经的首善之区，责无旁贷地承接了节日起步阶段的前三届，其他设置过会场的区（市）大都有举办啤酒节的原始资源依托。

崂山区有青啤五厂和崂特啤酒厂，市北区有青啤一厂，李沧区有青啤二厂和青啤四厂，平度有青啤三厂。地利因素也包括参节公众要跨过胶州湾这一天然屏障，这至少是多年来人们往返西海岸的一道心理屏障，对参节公众而言，距离往往是出行的优先考虑因素之一。

再如人和因素。黄岛区办节的这五年也是啤酒节会场设置几近失控的五年，节日提升的整体大环境并不宽松。首先是崂山区作为曾经20多年啤酒节的主会场，并未放弃办节的努力。而且无论办节经验还是客户储备，无论公众参节习惯还是相关产业聚集，都有很强的积淀和惯性优势。加之全市的多点开花之态——不仅崂山区有会场，李沧区世博园、城阳区羊毛沟、即墨古城、平度众乐世界也都设了分会场，都要从啤酒节的狂欢盛宴中分一杯羹。"山海城村 全城欢动"这句叫得蛮响的口号，正是这五年啤酒节处于泛化状态的真实写照。

第23届啤酒节场景撷英

另 类 成 因

黄岛区仅用五年时间就改观了人们对啤酒节的原有印象，节日的规模和影响力用几何级数增长来形容并不为过。这种爆发式激增的动因主要源于该区当政者主观的自信和人为的砥砺，包括节日价值观的转变、策划营销方式的改进、场地空间容量的扩展、管理运营方式的改观等。同时，不可忽略的客观因素是崂山区的"让渡"。

其一，始于2012年的啤酒城全面改造，让节日在固定场所举办18年后再度处于"飘移"状态，而世纪广场位于繁华的商业街区近旁，场地整体结构也稍嫌狭长，不适合啤酒节这种大体量、紧致型、组团化的布局形态；其二，2014年2月，期盼中的"青岛财富管理金融改革试验区"获批，让崂山区对金融城建设的热情立时陡增。此事亦属正常，对原本中心城区就缺少土地储备的崂山来说，金融城是占地面积少、产出效益高的优化之选，而处于金融城核心地段的啤酒城自然寸土寸金。正是基于这种判断，崂山区对举办啤酒节的兴趣逐渐衰减，从2014年开始就启动了啤酒节的对外"让渡"，希望别的城区能接手啤酒节的承办权。

2014年4月，一份来自市政府研究室的政务调研报告，将上述"让渡"的说法和时间节点交代得十分清楚。2012年后啤酒节虽迁至世纪广场举办，但相对狭窄的场地布局、地铁施工的多处围挡和周边时有的扰民现象以及2014

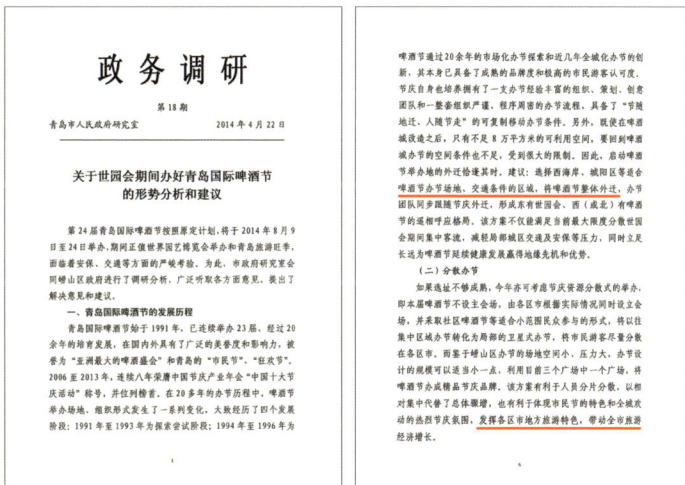

作者起草的《关于世园会期间办好青岛国际啤酒节的形势分析和建议》

年世园会在周边隆重举办，使崂山区继续办节的空间受到压缩、交通压力也明显加大，随之产生了"让渡"之举。为了使"让渡"的把握性更大，崂山区联合市政府研究室一起，起草了呈报市主要领导的调研报告。核心内容是：其一"外迁办节"，即建议"选择西海岸、城阳区等合适场地举办"；其二"分散办节"，即不再将崂山作为主会场，各区根据各自情况自愿设置会场办节，减轻对崂山的压力；其三"延期办节"，将啤酒节整体延期至9月中下旬举办，缓解旅游旺季的人流重压。对此，市政府主要领导批示"今年原则不动，启动明年方案研究"。或许，这份材料正是黄岛区2015年后大办特办啤酒节的主要依据；同时还可证明，啤酒节"东衰西盛"是崂山区"让渡"在先，黄岛区"接办"在后。

斐 然 业 绩

从五年来啤酒节在西海岸极限增量的实际成果分析，它奋力登上了六个未曾达到的量级：一是场地规模，1200亩的面积当之无愧地成为全球最大的啤酒主题乐园（慕尼黑啤酒节占地约630亩）；二是篷屋面积，不仅有9座常设的啤酒大篷，还有游乐、会展、餐厅等辅助性篷屋9座，总面积达到28600平方米；三是配套完备，不仅有嘉年华娱乐设备5台（套），还有凤凰之声大剧院、啤酒文化博物馆、环幕影院、酒吧街区等；四是产品众多，以第29届为例，参节啤酒产品1400多种，国外品牌约占90%；五是观念提振，2013年后国内各地节庆活动普遍都降调处置或直接停办，啤酒节却在西海岸上演了高亢与璀璨；六是拓展开放，比如国际啤酒节联盟合作机制的建立，增强了青岛国际啤酒节在世界节庆之林中的话语权；七是人流骤增，从第25届以前最多时的400万人次提升至720万人次，与慕尼黑啤酒节旗鼓相当。

对 标 心 仪

从1991年参照和仿学慕尼黑，小心翼翼地起步创办自己的啤酒节，到2019年多项指标可比肩或超过慕尼黑，青岛仅用了不到30年就走完慕尼黑200多年的漫长之路，这在世界节庆史上也堪称奇迹。当然，单单规模上的数字赶超远不是节日的全部，青岛啤酒节在文化特征锻造、精神气质凝塑、传统风范形成、市场机制培育和节日价值观的进步等方面，还存在一定的差距，而这些差距的填平补齐，才是节日洞穿岁月、永立潮头的真谛所在。

坦而言之，无论是啤酒还是节日，青岛都有深深的"慕德"情结，慕尼黑啤酒节更是青岛国际啤酒节心仪的对象，不仅在前十届会着力借鉴和比照，在随后的十多年里青岛也隔三岔五组团赴慕尼黑考察学习。两节之间的确切交往始于1994年，双方签

黄岛区啤酒节会场

作者在啤酒城中品酒赏乐

慕尼黑啤酒节盛况

作者在啤酒篷内小憩

署合作意向的历史已超过25年。这期间的2010年、2013年、2019年，又分别签订了《两节友好合作协议》《两节友好合作意向书》《国际啤酒节联盟合作备忘录》（包括美国丹佛啤酒节和加拿大多伦多啤酒节）。20多年来每逢佳节来临，青岛与慕尼黑互致贺电已成惯例；慕尼黑市旅游局或啤酒节组委会的官员，也是应邀来青参节及开启第一桶啤酒次数最多的国外嘉宾。可以说，在与国外大型节庆主办方的交往中，青岛与慕尼黑走得最近，常有形影不离的亲和感，这其中既有历史渊源的牵挂使然，也有未来合作的前景期盼。

记得2006年第16届啤酒节结束后，鉴于崂山啤酒城、市南汇泉广场、市北啤酒街三大会场合计参节人次达到428万，来自顶层的设想是——五年之内青岛啤酒节的参节人次将追上慕尼黑。然而从2006年至2014年用了近十年时间，青岛的超越之梦仍未见着落。可想而知，如果单靠老城区不断辟设会场来增加人流，可能再过十年都很难赶超慕尼黑。

另外，相对于慕尼黑啤酒节一向免收门票，青岛啤酒节是否也应免门票的议论由来已久。这个话题到第29届终于画上迟来的句号——黄岛区和崂山区两个会场均放弃收取门票的惯例。综观中外的知名节庆盛事，收取门票的较为罕见，除非是特定的表演项目或出于安全因素需限定人流。节日作为社会公共文化福利，无门槛的全民共享是其最高宗旨，何况多年来啤酒节一直以"市民节"的基调推广。第29届东、西两岸的两座啤酒城都全天候敞开城门，且都未出现安全或治安事件本身也说明，过去对放弃门票会导致混乱的担忧确属多虑。需特别说明的是，啤酒节免收门票始于1992年在汇泉广场举办的第2届（第3届又恢复凭票入城），而不是媒体宣扬的第29届。

慕尼黑之于青岛犹如一面质感厚重又光洁如新的镜子，可以清晰地照见后者自我形象的变化，实际确也如此。慕尼黑作为啤酒节的鼻祖，一直为世界上的其他啤酒类节日仰慕，虽然每个节日都各有旨向，但在啤酒文化的渊源承继和节日形态广受欢迎的程度上，无人能出其右，何况青岛与慕尼黑的关系更有久远的历史性牵连。正因如此，自第6届啤酒节始，青岛的节日承办方大抵每年都会组团前往慕尼黑考察，几成惯例。对标慕尼黑无疑是正确的"靶向"之选，无论从早年仿照办节的源头意义，还是行进途中面对的各种困惑，在慕尼黑总可寻到合适的"解药"。当然，也有学不来或不想学的，比如执持节日传统是慕尼黑的看家本领，而我们更在意年年求创新、届届有亮点，只知挺进和锻造，绝少解构和回味。30年的啤酒节形成了哪些个性鲜明、可供传承的经典，恐怕没人能讲得清。

从1810年慕尼黑啤酒节树帜到1991年青岛啤酒节发端，相距刚好180年；从186届欧陆最知名的啤酒盛典，到30届亚洲最大的啤酒盛会，相差156届。时间和届别之差是无以改变的客观存在，无碍"两节"成为相距遥远、互动密切的忘年之交。话说回来，青岛与慕尼黑在节日上的真实差距不仅是时光落下的距离，"两节"的比较也不能停留在体量和规模等显性指标上，在200多年视距的比对和辨析中，看到的肯定不光是节日表象的气势和璀璨，还可看到慕尼黑潜隐至深的民族性和持久守恒的文化耐性。

在210年的漫长史册中，除了战争和瘟疫的袭扰被迫停办25届，慕尼黑从未放弃啤酒与金秋的宏丽和鸣，也从未淡忘城市与佳节的百年之约。节日终究是一场与光阴协力的长跑，而不是与潮流追逐的冲刺，它需要不攀不比和从容不迫的常态，未必总要高昂奋进或弯道超车。对于有心打造百年老节的青岛，应当疾徐有致而不必着急忙乱，要多在民本意识提升、人文范式蕴聚和草根精神回归的内功上下气力，任何一夜之间赶超的企图都是不切实际的臆想和盲动。因为世上所有成气候的大节都不是在比拼中壮大的，那个数十年里无间断被对标的对象，或许从未想过与任何后来的追赶者较真或较劲。

不管怎样，就与世界上其他节庆的交际而论，青岛与慕尼黑因节而生的情分可谓不浅。若将已然碎片化的历史段落串联起来，就能编织出东西方两大啤酒盛会交往史的清晰画卷，也能揭晓两座城市为什么皆以啤酒和节日闻名于世的谜底。或许，岁月正是通过对啤酒的绵长回味来连接两座城市的旨趣共性，且以欢娱共情的佳节来娴熟地连接它们密切交往的精神通道。

东 西 有 别

时空辗转交错，五届倏忽而过。2015年后的胶州湾仿佛成了一处巨大的横切面，将东西两岸的啤酒节断分为两种外观形象、两种立节模式、两种价值维度。崂山的会场还维系在惯常的氛围里，其他几个城区的会场也曾兴隆几度但难成气候。不在一个段位的生存状态决定了各自都有聊以自慰的需求目标，只是黄岛已快马加鞭、一骑绝尘，在更大的外向空间欲求中辟建节日理想的支点。比如，国际啤酒节联盟的构建、国际啤酒产品展交会和中国青岛精酿啤酒及设备发展论坛的举办，等等。

所以，这些年每逢有人问及崂山与黄岛的差距，有句话或可一语中的："两区之间就差一个啤酒节。"此话可做两个向度的理解：一是纵向的使命。当其他区市的举办热情衰减，节日已渐呈疲态之时，黄岛奋力接盘的大局观起了关键作用。如业内所说的"节日即城市"，此前黄岛夏季主打的是调性温和的金沙滩文化旅游节，还真的缺少高爆点的标志性节庆，以便在短时间内引动全城人向西注目。因此，啤酒节在黄岛重燃盛况既是节日之幸也是使命驱动。二是横向的历练。表面上看啤酒节只是每年一届时效有限的大型活动，实则通过办节可以检视和历练区域发展理念、社会综合治理、旅游环境配套、资源调度配置和应急反应能力，这对于刚刚合并胶南后成立的西海岸新区至关重要。全力承办啤酒节的五年，也是黄岛区快速、整体拉大与青岛其他区市经济社会发展指标差距的五年，这种差距肯定不单取决于所谓的区位优势、地域面积、资源禀赋和政策赋能等，极而言之的说法正是——"就差一个啤酒节"。此中意味只有深思细琢才能真切体会。因为黄岛从未十分在意节日在啤酒城中的有限产出，也并非对短短节期的热闹喜庆看得很重，而是致力于节日巨大的外延拉动——对城区形象的全面提升、对人气商机的高能汇聚、对旅游产业的整体带活、对社会大众的信念提振……而这些，通过对一个节日所持的态度和作为，即可逼真而生动地放大。

静 心 反 刍

在不断加速的奔跑中，啤酒节在黄岛的五年也难免有来不及的回首审视和沉心细酌，笼统看去或有七点尚待改进之处：一是办节时间游移不定。固定的举办时间是节日走向成熟的标志之一，而金沙滩会场五届的开幕日期从未定格，举办时长也不尽相同。二是办节队伍换班频仍。五年时间多次更换筹备班子和承办企业，难以保持节日风格和运营状态的连续性和稳定性。三是办节体制尚需理顺。节日主体责任是由政府鼎力担当，具体承办事项则有企业力扛，其中诸多办节事务都是交叉运作，并无固定和恒定的工作边界。四是有些投资缺少论证。比如，啤酒文化博物馆的冷清和球幕影院的淘汰，即便是大型国企也会陷入投资回报率低、不利于可持续发展的困局。五是过多依仗晚会炒作。大型歌舞晚会作为节日开场的形式被国内节庆业界放弃多年，对啤酒节这种以普通大众为参与主体、以口腹之欲为基本需求的开放性活动，封闭一隅的演艺节目并非上上之选。六是理念表述不够准确。如节日的定位、基调、主题、口号等次不甚明晰，往往在语焉不详中含混使用。七是缺少必要数据支撑。总的增长态势毋庸置疑，可缺少符合统计学意义的市场调查和数据分析，不利于节日真实状况的自我评判和面向未来的目标规划。八是节日档案保管不善。仅仅五年时间就有不少节日资料流散及与往届信息的不对称，形不成资料的逻辑闭环和系统承继，也容易导致节日无形资产的流失。

山 海 城 村

第25届啤酒节之后的几年，啤酒节的故事不单是黄岛和崂山这两个主角，还有多个急匆匆登台的配角值得一提，第26届时还提出"山海城村"的布局概念，媒体也随之炒作这个看似新颖的词汇。"山"是指在李沧区世博园内设置的会场（8月6日至28日举办，为期23天）；"海"是指在黄岛区金沙滩啤酒广场设置的会场（7月29日至8月29日举办，为期32天）；"城"是指崂山区世纪广场啤酒城的会场（8月13日至28日举办，为期16天）；"村"是指在平度市圣水浮金公园设置的会场（7月22日至8月21日举办，为期31天）。

除此之外，又涌出一条来自城阳区的"河"，地处棘洪滩街道羊毛沟之畔的啤酒节仿佛是计划外的迸发，提早宣传炒作，率先宣布开幕。因此，第26届啤酒节真实映现的是"山海城村河"的景象，异乎寻常的热闹，但也有些许尴尬。其一，开幕时间的尴尬。奉行正统的崂山区会场照例还是8月中旬第一个周六开幕，而此前"山海村河"都已相继争先出彩了，打头炮的羊毛沟竟比崂山区会场早开幕近一个月。抢跑者受益而不受约制，损害的不仅是守约者，还使节日本身的公信力丧失。其二，媒体报道的尴尬。羊毛沟的啤酒节亮相了不能不宣传报道，但另外的"山海城村"不久又相继开幕，同一城市同一名称的节日在不到一个月的时间经历五次开幕，容易导致社会公众的视听混乱。其三，最后出场的尴尬。前面四个会场都大张旗鼓地开幕了，最后揭幕的会场却要开启本届啤酒节的第一桶啤酒，不仅失去了先声夺人的盛会头彩，甚至让公众产生强烈的时空违和感。

光阴匆匆流逝，五年不过瞬间。2015年至2019年是啤酒节大分化、大造化的五年，于黄岛区的轰轰烈烈之外，其他区市的啤酒节会场不是在定位转换中寻获生机，就是在"其兴也勃、其亡也忽"的荣枯中迷失走向。崂山区会场在向"城节一体"的常态化过渡中，营造了花园式啤酒节的别样风景；李沧区世博园会场虽有异军突起之势，但无耐久鼎力之基；即墨古城会场本以为会自塑风尚，化育神奇，没想到只一届小试就自弃牛刀；城阳的羊毛沟会场动静不小，在没有啤酒文化遗存的地方扬起节日大旗，结果总有生硬之感……凡30年的节史早已揭示一个简单的事实，在任何时期，只要设置多个会场，都决不会平分秋色，永远都会有强有弱，始终都在此消彼长，其中既有临时起意兴办又很快退潮的黯然结果，也有逆水行舟、不进则退的道理使然。对啤酒节而言，只有敢于弄潮且持志不懈才可抵达成功的彼岸。

媒体对水上啤酒节会场抢先报道

媒体对第23届青岛国际
啤酒节会场布局的报道

第26届青岛国际啤酒节李沧世博园会场入口

节 中 四 疾

  时间、地点和标识作为显要符号，是节日的三大基础性构件，不但是节日经典特征的浓缩，也凝结着公众的集体记忆；同时，确有一些需要加以思索和改进的地方。一是时间摇摆不定。无论开幕日期还是节期长短，都缺少客观标准和统一安排，不利于参节公众记忆的巩固，也不利于参节厂商的供货计划。二是地点多次漂移。30年来啤酒节主会场迁址五次，且有四分之三的年份都设有多个分会场，随意性和流变性对节日品牌的形成不利。三是标识稍显纷乱。标识包括节徽、吉祥物、节歌、海报、色彩等形象识别系统以及指导思想、节日主题、宣传口号等理念识别系统，若太多而过于杂乱会削弱节日形象的统一性和传播力。四是盈利模式不清。除首届由企业全权承办、自负盈亏，其后节日承办主体与参节厂商的利益诉求存在偏差，策办人员的临时观念、啤酒商家的短期行为、节日食品的质量和价格等，都会直接或间接对节日产生影响。

  节日的基本属性是社会公益性，啤酒节作为公共文化产品，不管起步伊始及后续谁来承办，最终都是要回归本源——承续人文传统、丰实城市精神、服务经济发展、造福民众利益。因此，啤酒节不应负担拉动经济之需的任务，否则，这个节日的成熟度和美誉度都会大幅缩水。

  问题的关键还在于节日总体规划的持续缺失。时至今日，啤酒节充其量只有当届一议的整体策划，缺乏站在城市高度及锻造百年老节的缜密擘画——场地宏观布局、人流规模调控、客源市场谋划、参节厂商取舍、品牌战略升级以及对社会经济长远拉动等在内的中长期规划。节日的自然属性和传统被忽略，时间、地点、标识经常调整，这本身就是在动摇节日主体的不可变更性，也弱化了节日的公众效应。节日是信仰的产物，啤酒节举办的底层逻辑就是一座城市对百年啤酒文化的集体图腾。所以，尽管经历了许多届，也际会了许多人，啤酒节的筹办者仍然需要时刻提醒自己——不忘初心，方得始终。

  由此不难想到，只要时间和空间不断放量就可赢得节日规模的不断增长，这显然是个误区。以慕尼黑啤酒节为例，当参节人次在20世纪80年代达到700万的量级后，就开始出现明显涨停或偶有起伏，低时550万人次、高时710万人次参节，这是正常的增减曲线波动。啤酒节是长远使命而非阶段性任务，如果不幸被披上指标化外衣，必会使筹办者步履沉重，也会让参节人兴趣衰减，更会导致节日产生由数字迷恋向数字捆绑的无奈和被动。

近些年啤酒节的社会关注度和来自外界的评价指数，并未随节日会场的增多、规模的扩大和时间的延长而与日俱增，主要原因或在以下几个方面。首先，每届都设置多个会场的广种薄收意图和个别会场的超时超量刺激，在一定程度上造成了对节期"特定而有限"的庸常化处置和需求感稀释，是广义的节日消费透支行为，由此会引致公众期待感的下降和疲乏心理的累积。其次是青啤在国内50多个城市以市场促销为目的办节。此举对企业品牌推广和产品营销无疑是一种优选模式，但对青岛国际啤酒节的整体形象塑造和影响力施展未必有益。因外地游客对啤酒节缺少分辨能力，会直观和本能地得出青岛啤酒节"不过如此"的印象，也会对啤酒盛会的形象打折扣。就像青岛啤酒不管在国内各地有多少生产企业且可以方便买到，但对消费者来讲，去青岛喝青岛啤酒的感觉就是不一样。这固然与产品理化指标微小的差异性有关，但主要还是地域心理和文化因素在起作用。

【一己私怀】

往事情景一：分会场差不多伴随了啤酒节的全部历程。最早始于第2届，其后便时而设立、时而取消。关于啤酒节设置分会场的利弊也一直存在争议，而且几乎所有分会场都未能做大做强，一般两三届后就自动偃旗息鼓。唯一的特例是2015年后黄岛区设置的分会场，一举做大后直接取代了主会场的地位。

情景感悟：概而论之，节日的魅力指数取决于是否拥有核心聚，以及人们对那个聚点向心力的大小和忠诚度的高低。啤酒节总的基调是分久必合，合久必分，分不如合，合更长久。其理论和实践的支点来自本身的参节亲历，也来自对慕尼黑啤酒节经验的借鉴。

往事情景二：本人的一则日记原文照登：2015年8月9日星期天，第25届啤酒节黄岛区啤酒城会场开幕后的第一个清晨，一早从家开车赴金沙滩啤酒城，距离约28千米，用时仅35分钟。昨夜传来消息说黄岛会场的停车位非常紧张，所以早早赶到主要为停车方便，顺便观察外地车辆的比例。这是本人从事啤酒节筹办工作20多年来，首次以游客和观察者的双重身份较全面地考察主会场以外的会场。即使2004年啤酒节西会场（汇泉广场）声势不小，我也从未到现场体验或考察，这一次则完全不同，深感黄岛区对啤酒节是动了真格。当然，这也是本人25年来首次付费进入啤酒节会场（凭隧道的发票置换门票）。体会有这样几点：一是人气比想象的要旺，周日上午尚且如此，晚上人流定会激增；二是外地参节车辆占到60%以上，这与崂山区会场以市民为主参节明显不同；三是现场管理比较规范，因为有参与过奥帆赛和世园会的高管负责指导会场的运营，所以做到井然有序不难；四是除了嘉士伯、喜力、青啤等之外，还未见更多世界知名的啤酒品牌在西海岸露脸，可见首次在此举办，许多啤酒商的信心尚有虚悬。表面上的不足之处有：①导示系统的体量和清晰度不够；②卫生尤其大门口的卫生状况欠佳；③票贩子较多；④啤酒文化及啤酒节的专属文化还不够规范和鲜明，没有更多强调啤酒之城的地道元素，如节旗使用白底色印制。中午开车返程，走隧道及新冠高架，甚快！

情景感悟：2015年7月7日，啤酒节新闻发布会明确表示："主会场设在崂山区世纪广场啤酒城，西海岸和各市区均设分会场。"而黄岛区则更多是定位于西海岸会场。第26届时改称"啤酒节黄岛主会场"，因黄岛区内确有多个分会场设置，公众从字面上领会必定认为第26届的主会场已转到黄岛区；第28届后黄岛区会场似乎就是啤酒节本身，可见黄岛区的办节信心和所获成果以及从逐步确立到全面领先的全过程。可以说，自第25届辟设大型会场始，黄岛区就将啤酒节作为重要的竞争筹码，而且是全方位全时空地投入——场地规模一拓再拓，节期时长一延再延，活动内容一扩再扩，宣传声浪一涌再涌。从穿越胶州湾参节交通便利条件的优惠，到奔赴全国主要客源市场大力度地营销；从担当城市使命、不断扩大国际朋友圈，到逐年丰富啤酒城业态组合的常态化运营，虽然上述种种举措未必都能做到延续不辍，但"有作为才能有地位"这句话，从2015年之夏金沙滩啤酒城启用的那一刻便可窥见其内涵。

往事情景三：2018年7月初我开始参与国际啤酒节联盟筹建事务，当时只是个别领导有这方面的动议，尚无具体可行的实施思路和步骤。所以我从筹建之初即介入，直到联盟合作机制于一年后形成，可以说既全程参与又尽力而为。主要工作包括大量基础文案的草拟、出国所携的宣传画册和影像资料的设计制作，等等。2019年的美国和加拿大之行是一次意外的公务，目的是说服美国丹佛和加拿大多伦多的啤酒节主办方，加入筹建中的国际啤酒节联盟。当然，说服的前提必须是面对面恳谈，把青岛啤酒节的情况及成立联盟的意义和作用介绍给对方。虽然此前慕尼黑啤酒节已同意加盟，但成立国际组织的原则要求是要有三个以上的初始成员。为此，一再犹豫之后我们终于在3月启程。犹豫来自没有足够把握，无论是前期的电话沟通情况还是其他因素困扰，此行都充满了不确定性。好在我方的友好诚意和耐心解释，很快为对方所理解和认同，北美两个啤酒节的组织方都在合作意向书上签字确认。

情景感悟：此行日程安排得很紧，来回8天，再加上时差难调和航班一再延误，致使身心异常疲惫。虽然不是在节期造访这两个节日，但对它们的组织筹备还是有了近距离的感性认识。尤其是在丹佛，既去了啤酒节的举办场地（科罗拉多会议中心），也去了当地最大的精酿场馆Union Station和销售自酿啤酒历史最悠久的酒馆Wynkoop Brewing，喝了各色现酿的醇厚啤酒，品尝了多种佐餐美食，并得出了感慨式的结论：如果说青岛是中国乃至亚洲最负盛名的啤酒之城，那么丹佛就是美国乃至美洲最具影响力的精酿啤酒之城。相形之下，多伦多啤酒节就逊色一些，并未达到原先锁定的公关定位——伦敦大不列颠啤酒节的成色。

在筹建国际啤酒节联盟的过程中，通过资料查询和实地探访，我渐渐悟出节与节

丹佛 Union Station 外景

在 Union Station 酒吧内举杯

Wynkoop Brewing 酒馆外景

作者在丹佛啤酒节举办展馆门前

的鲜明差异性，这种差异不在规模量级上而在性情。2004年8月，应邀来青参节的慕尼黑啤酒节执行总指挥安兹曼曾言，全球正在举办的各种啤酒节达3000多个。以2013年的美国为例，其31个州每年举办61个啤酒节或啤酒周。不难想象，随着时间的推移这个数字必会有增无减。虽然无论是东西方还是规模大小都叫啤酒节，但确有类别之分。以当今世界最具影响力的四大啤酒节的基本形态和精神谱系而论，青岛与慕尼黑颇为相近，丹佛和伦敦则较为相像。前两者是以市民和游客欢聚畅饮为特征的节日（festival），后两者更像精酿啤酒产品的专业性展会（exhibition）。加拿大多伦多啤

酒节则介乎两者之间，是世界上最常见的啤酒节类型（event）——将展会的商业性寓含在节日的欢娱中。

往事情景四： 慕尼黑啤酒节就像考卷的出题人一样，冷静地检视着全球200多个有较强实力的追仿者如何应试和破题，这个节日也因而成为许多酒类节事热切参访的对象。按照我个人的设想和计划，2003年之后还应再去两次，可均未能成行。2013年系个人原因放弃出行，2018年竟被莫名拒签。始终想再去的原因是，随着研究的深入，蓄积的问号也渐多，网络上的许多资料又各执一词。虽然2003年9月赴德时有过现场咨询，2006年6月的现代节庆活动与旅游经济发展高层论坛上也有过当面请教，2018年与慕尼黑市的前副市长也做过交流，可总觉得还是不透彻、不踏实、不过瘾。因此，在对东西方两个最大的啤酒节进行比较分析时，往往含混其词或只做假设之论，许多结论成了不确定和待落实的隔空猜想。

情景感悟： 并非不知晓慕尼黑啤酒节各类可量化的大数据，最感兴趣和最难解析的是那个节中沉潜的诸多人文密码。比如，在高度发达的现代化国家，如何做到200多年一直遵从节日传统的文化范式？又如，作为欧洲著名的开放之城，慕尼黑在节日中为何对外来的文化和艺术形式一概不采？再如，一个享誉全球的盛大节日，为何不许域外或国外的啤酒品牌入城？这是文化自信还是保守排外？

往事情景五： 本书前文中交代，前两届啤酒节在举办时间上颇费心思。然而关于"节时"这个相对原始的话题，一直就没有合理而圆满的终结。在总共30届中，前8届几无规律可循；第13届青啤百年庆典和第18届举办奥帆赛，因情况特殊可忽略不计。只有第9届至12届，坚持了8月中旬第2个周六开幕、节日举办16天的约定。第14届后啤酒节改为8月中旬第1个周六开幕，举办天数不变。崂山区会场对此传统坚持了13年，直到第28届被带乱节奏。黄岛区会场从第25届后的五年均未在同一日开幕，且最长举办天数竟达38天；崂山区随后也进退失据，开幕时间大幅向前移动，最长举办天数也达到31天。

情景感悟： 连开幕之日和举办天数都不确定的节日，就像不守约的孩子一般透着些许的不成熟，虽然已临近而立之年。日期的确定是节日自信和与人诚信的表现，既有利于自身品牌的夯实锻造，也有利于对外的宣介促销。为何这个原本不难定夺的小事却成了啤酒节的"老大难"，根源就在于顶层设计的持续缺位。首先是对节日的长远发展缺少规划意识，其次对节日的举办模式没有明确导向，由此必然在一定程度上导致分会场的随意性和各会场的无序竞争。遵时守约是节日的本分，优秀的节日必定奉持特定的时

与丹佛啤酒节协调机构 —— 丹佛观光局 CEO
理查德·夏夫（Richard Scharf）签约

与多伦多啤酒节主办方负责人
莱斯·莫瑞（Les Murray）签约

五、甲方将为乙方参加 2019 年在中国青岛举行的"联
合会"首届年会，提供参会相应的便利条件。

V. Party A will provide convenience for Party B to attend
the first WFBFF annual conference.

甲方代表：青岛国际啤酒节组委会办公室/世界著名啤酒节
联合会筹备处

Party A: Office of Qingdao International Beer Festival
Organizing Committee / World Famous Beer Festival
Federation Preparatory Office

乙方代表：美国丹佛啤酒节组委会

Party B: Denver's Festival of Beer Organizing Committee

2019 年 3 月 13 日
March, 2019

与丹佛啤酒节所签合作意向书

141

五、甲方将为乙方参加 2019 年在中国青岛举行的"联
合会"首届年会，提供参会相应的便利条件。

V. Party A will provide convenience for Party B to attend
the first WFBFF annual conference.

甲方代表：青岛国际啤酒节组委会办公室/世界著名啤酒节
联合会筹备处

Party A: Office of Qingdao International Beer Festival
Organizing Committee / World Famous Beer Festival
Federation Preparatory Office

乙方代表：加拿大多伦多啤酒节组委会

Party B: Toronto's Festival of Beer Organizing Committee

2019 年 3 月 16 日
March, 2019

与多伦多啤酒节所签合作意向书

间节律，无论古今，概莫能外。当节日成为传统和信仰，就不应由人来轻易改变节日的举办时间，而是由节日来严格规定公众的尊奉行为。如此说来，不懂得坚守和尊重特定的时间节律是对节日的隐性伤害之一。

往事情景六： 自第25届始，虽然各类媒体对啤酒节宣传报道的总量激增，各类媒体的画面感也日趋绚丽多彩，但可读性却在下降。一是媒体与媒体之间的重复率极高，估计采用的都是通稿模式；二是媒体常见的都是流于浅显的推介式广告，独立思考的个性化报道少，更缺少深度发掘的文章面世；三是鲜见立意高远、综合性强的大篇幅文章，绝少读后引发人们共鸣或反刍的畅怀之作。

情景感悟： 或许是会场设置得太多，或许是会场之间争夺眼球的迫切需要……总之，各类节日信息密集而至，到了来不及阅读以致谈不上细品的程度。在"山海城村河"急骤增量且加快推出的同时，尤其临近节日和节日期间，天天都有大幅的宣介内容见报，根本就没给媒体留出进行深度报道的喘息之机，而为了生存，多数媒体也会乐于报道。当媒体不再客观从容，就会被各会场竞相比高的竞争性话题所挟持，从而只能向读者提供广告性的推介文字。从资料收藏的角度讲，25届之后虽然常见媒体报道的铺天盖地和连篇累牍，但特别值得珍藏和回味的文字不多。而此前的啤酒节每届都有几篇视角独特、情味浓郁的文章，让人久读不厌。

作者（右一）向慕尼黑啤酒节代表奥利弗·柏励（Oliver Belik）赠送纪念画册

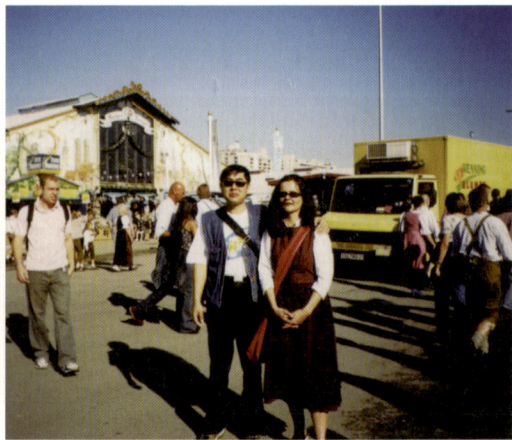

2003年，作者（左一）考察慕尼黑啤酒节

第八章

焦灼的散板

疫情·辗转

时空对应：第30届

第30届是啤酒节创办以来最为辗转和焦灼的一届，自2月份新冠疫情在国内及全球蔓延开始，到底能不能办，何时能办，该怎么办，都受着疫情这个最大的不确定因素的影响和制约。原本，三十华诞是颇值期待的巅峰时刻，啤酒节也有足够的理由在这一届继续红火，然而，突如其来的疫情改变了预期中的庆典氛围，最终节日总体上呈现的是知难而进的坚韧和业绩平淡的运营。

佳节逢十确当是隆重的庆典之年，啤酒节却没能适时开展大范围的社会公关，也没举行多层次的纪念活动，虽然各承办单位和相关媒体都拿"三十华诞"和"而立之年"说事，但与这个节日厚重的历史地位和在此特殊年份应有的荣耀相比，那些轻描淡写的赞美如浮光掠影。除了疫情侵扰的原因，很重要的一点是当今人们对这个造福于城市的节日的情感日趋淡化。深层原因，一是岁月相对久远，人事更替频繁；二是承办单位及会场多次变换，难以形成统一的认知和立场；三是现实感极易取代历史感，"让历史告诉未来"这句名言在字面意义上失去了存在感。

黄岛区仅有六届承办啤酒节的经历，缺少相关文史资料和必要人脉资源的支撑。崂山区因连续多年不以啤酒节的主角身份担纲，专注于节日形态的转型升级，加之疫情之年，既无心也无力独自支撑以城市为主体的公关和纪念活动。于是，三十华诞的平淡终成节史上一桩不小的憾事。

许多国家或国际组织在停办大型赛事和节事活动方面所采取的措施则较为断然。2020年3月12日，美国职业篮球联赛(NBA)官方决定，暂停本赛季的所有比赛；3月24日，日本政府与国际奥委会在距东京奥运会开幕还有4个月时做出决定，第32届夏季奥运会及残奥会推迟一年举办；4月21日，慕尼黑市政当局决定停办当年的啤酒节，而这个日子距原定的开幕日（9月19日）还有近5个月的时差。不过，奥运会历史上曾因战争停办三届，因疫情停办还是首次；慕尼黑啤酒节也因战事或疫情，有24年未能如期举办（不包括2020年）。因此，他们对赛事和节事踩刹车的态度自有一份有史可鉴的适应性宽容。

波浪式前进是事物发展的普遍规律，即使拥有200多年根基的慕尼黑啤酒节，不仅有多次因故停办的经历，参节人次和饮酒数量出现潮起潮落也属正常。没人会对因疫情停办而发起责难或承担风险，也没人会把节日作为灾困情况下提振经济和刺激消费的灵丹妙药。或许，停办一届也不失为高明之举，让承办城市和筹办机构在每届都大路朝天的亢奋中得以歇脚喘息，并利用这个难得的节奏空拍宽舒和整理一向急切的心态，而不必年复一年被创新出彩逼得忘却了沉淀、回味和反思。当然，历史和现实都不能假设，假设在3月初就当机立断地按下暂停键，或许对啤酒节的长远发展更为有利。

综观国内，2020年上半年的节庆活动大都在无奈中应对，或延办或停办，或短办或云端，业界整体陷入被动的沉寂和疲软。啤酒节临近时总算有松绑的利好消息传来，国家文旅部于7月14日有条件地放开了跨省旅游，也将旅游景区最大载客量由30%提升至50%。于此情况下，啤酒节再一次历史性地扮演了"关键先生"（此前两次是2003年"非典"肆虐后和2008年奥帆赛举办后），不仅是提振青岛旅游市场的"关键"所在，也是国内节庆业界经历了上半年的低迷和萧条，在解禁伊始的"关键"时刻首个大张旗鼓举办的知名节庆。从这个意义上讲，啤酒节的如期举办和高调开启，确实产生了鼓舞人心和激励同业的作用。

然而，人们的出游愿望和参节兴趣尚需一段时间恢复，利好的真正落地也存有明显的滞后期，况且"疫情防控常态化"还在无形地约束着过去习以为常的夏季旅游行为。从事后效果看，青岛坚持举办啤酒节更多的是对复工复产号召的响应，节日本身的实际收益并不理想，拉动作用也未能充分显现。盘点半年来世界范围内的诸多周折，无论是遍及全球的新冠疫情，还是国内多省市的大面积水灾，以及因开工不足带来的人们收入的普遍下降，这些纷至叠加的灾情或事端绝非通过举办一个节日即可缓解和冲淡。

事实上，直到距第30届啤酒节开幕还有15天时（7月15日），青岛市新冠肺炎疫情防控指挥部才正式批准同意举办啤酒节的请示。此前，啤酒节能否如期举办一直在各级政府和各承办单位的观望或疑虑之中，节日的宣传推介也一直处在"抑制"状态。对啤酒节这类需要提早营销造势的节日，这种闷声闷气的控制显然不利于吸引远近目光的聚焦和关注。

愈临近节日举办时间，疫情的话题就愈加敏感，尤其当北京、乌鲁木齐、大连三地先后出现疫情后，这种压力更显沉重。就在距下午开幕不足7个小时的当天上午，崂山区会场啤酒节指挥部的工作会议还在紧急研究对策——如何按照市领导的最新要求及参照黄岛区会场的应对之策，来加强本会场的疫情防控。毕竟啤酒节是人群高度聚集又与品饮密切相关的盛事。在采取了一系列防疫保障措施之后，这个节日必然发生从内容到形态的变化，也会影响节日人气的聚集。以黄岛区会场为例，与登峰造极的第29届相比，无论是人气指数、啤酒销量，还是境外游客的到位率都大打折扣。据统计，17天的节期共接待约122万人次参节，相当于上一届的16.9%；品饮啤酒790吨，仅为上届的12%左右（均以媒体公布的数据为参考加以计算）。单从统计数字

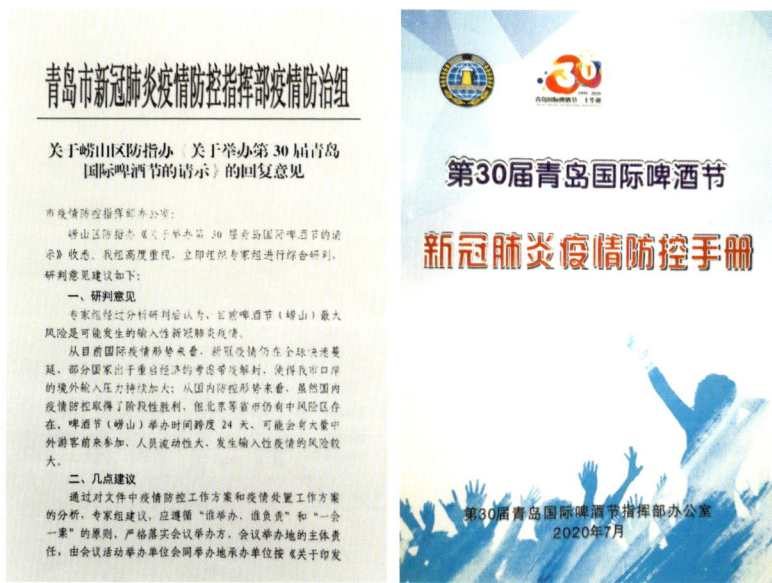

青岛市新冠肺炎防控指挥部对崂山区举办　崂山区会场制定的新冠肺炎疫情防控手册
啤酒节的回复

看，这一届的收益确实"凉薄"了许多，可从会场总量空前的活动安排和对外宣传效应来看，尤其从时尚的角度观赏，节日光耀炫目的形象并未受到影响，称其达至国内节庆形态的极盛之境都不为过。

与黄岛区会场空间相距不到27千米的崂山区会场，也未能创造节日消费增量的奇

迹，何况还先后9天受到较强降雨的干扰（创下自1991以来啤酒节举办期间降雨天数之最）。从世纪广场啤酒城单一会场的统计数字看，甚至创下近26年来啤酒节在崂山区会场参节人次的新低，仅为53.9万（只略高于第4届的50万人次），尽管该会场在形态上营造了别具一格的旨趣和风尚——"酒吧花园"。此外，该区内三个街道设置的辅助性会场收获了人气和消费的意外，场面比预想的要热闹许多。崂山区会场在总体方案中确定的"全域、信心、庆典"三个定位，只有"全域"一项业绩明显，这也是崂山区承办啤酒节会场27年来，首次在所属街道设立分会场。

崂山区会场最具为30届"庆典"扩声和代言的资历，编印了两本较有史料价值和艺术含量的集册，一是涵盖1届至30届重要图文资料的大型纪念画册《共同的爱——青岛国际啤酒节三十华诞礼赞》，一是汇集了80位书法家墨迹的《当代书法名家题贺作品集》。尤其是纪念画册，从节日史迹和特质文化的意义上，较为系统性地记述和珍存了啤酒节的成长印记。

关于第30届啤酒节的举办时间需要标注一下。黄岛区会场最初确定的日期为8月7日至23日，这也是该会场大规模办节以来举办时间最短的一次，应该说是特殊年景下的明智之选。但因崂山会场的举办时间安排在7月31日，黄岛区也将开幕日期提至同日。第29届时，崂山区会场免票后，黄岛区会场也迅疾放弃了收取门票的惯常之举。

关于办节会场需要标注的是，除了黄岛区和崂山区两大会场之外，还有即墨古城会场以及市南区万象城广场和市北区登州路啤酒街两处较大型的啤酒主题活动会场。看得出来，主管部门在节日品牌效应和凝聚能力已出现滑坡的档口，依然将啤酒节作为撬动经济复苏的重要"杠杆"。

寄 语 未 来

古罗马诗人维吉尔曾言，一个民族经典的过去，就是它真正的未来。转瞬之间，啤酒节已达而立之年。凝神回眸，从发轫之时的艰辛起步，到尝试途中的几经辗转；从疾速繁盛的激昂奋进，到迈向成熟的盛世豪情；从视距敞阔的跨海腾跃，到干杯世界的恢宏交响……每段历程都凝结着涔涔的汗水，都流淌着眷眷的回味，都饱含了殷殷的期盼。

用数字来佐证和关照节日的成长历史，既可直观地感受节日30年跨越式的递进，也可为一代代奋斗者拭去额头的斑斑汗迹——参节人次由首届的30万增至现在的700余万，场地规模从起初的135亩扩展至1200亩，参节啤酒产品种类从首届的近百种到现今

第30届啤酒节黄岛区会场

第30届啤酒节崂山区会场

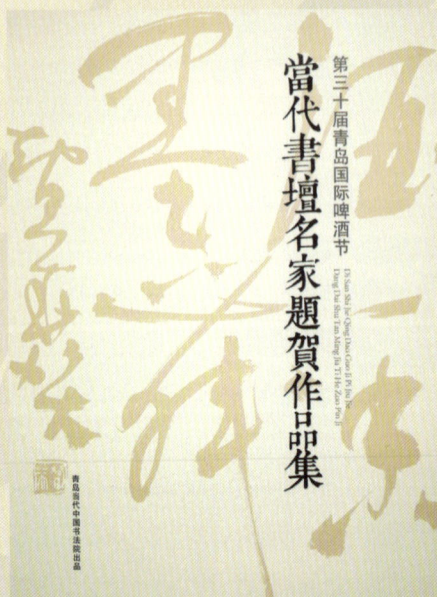

第30届青岛啤酒节当代书坛名家题贺作品集

涵盖第1届至30届青岛国际啤酒节的大型纪念画册《共同的爱》

的1500余种，节日饮酒量从最初的257吨升至7000余吨。与此同时，青啤集团的年产也由1991年不足17万吨，攀升至30年后的近800万吨；青岛啤酒也从十余种产品，到如今的1500多种不同包装与规格的产品。节日与旅游的关系也呈现着激增式的正反馈效应，1991年来青旅游人次仅为418万，而今早已规模过亿……一串串数字叠加印证了啤酒与节日互为臂膀的协同膂力，也生动地演绎了啤酒、节日、城市三者共襄的蔚为大观，并客观地折射和标注了社会进步的巨幅尺度。

啤酒之于青岛，就像茶叶之于中国，在与城史大致同龄的履历中，这种舶来的饮品与所在城市经过百余年的相互涵容，已然成为青岛最显著的人文标志之一，喝啤酒成为这里典型的市井风俗和生活方式。由此足以自豪，青岛作为年接待游客过亿的旅游胜地，这个拥有世界上最大容量的啤酒盛会，定会催发出磅礴的外向引力——在此盛情款待更多海内外啤酒的善饮者、节日的迷恋者、文化的朝圣者。

用光荣与梦想去预见节日的美好未来，可在深情地翘首中望见：啤酒节已根深蒂固为一座城市的"信仰"——成为满足精神生活的整体"刚需"；而节日已内化为市民的集体热爱——成为从口感到内心的幸福回甘；办节成果日益丰硕而广受赞誉——成为举世瞩目的庆典盛举，啤酒节久蓄的豪迈将化作与世界同醉的热望，赢得来自五洲四海的喝彩。

放眼全球，大型狂欢节不是风行南美就是畅怀欧陆，亚洲板块的矜持亟待践行者突破。或许，啤酒精神的持续发酵和啤酒节庆的一再绽放，让青岛有资格担起东方狂欢节的开创使命。因为，这座城市不缺少开放文化的底蕴，也不匮乏勇立潮头的胆识，更有蕴聚南北、并蓄东西的生性浪漫和时尚韵致，彰显东方气质的狂欢盛事呼之欲出……

纵情遐思，啤酒节三十而立，正值青壮，恰如青岛不停延展的文化之脉，既牵动着恳挚眷恋的过往，又挂连着向往明天的愿望，并将每年一度迸发的城市激情，定制为盛大而又平易的邀约——与亲人干杯，与宾朋干杯，与陌生人干杯，与世界干杯！

【一己私怀】

情景感悟一：其实，早在诸多不确定因素交织袭来的3月下旬，我即产生向节日承办方提出书面建议的冲动——应将第30届啤酒节延至8月下旬或9月上旬开幕，节期也应尽量缩短，最长不超16天。甚至，想斗胆提出2020年果断停办一届的建议。转念一想，这些建议不管合理与否都不一定会被采纳，也没有表达的机会和场合。在重振经济的大氛围中，不仅人微言轻会再次"显灵"，真知灼见也会不断"搁浅"，在不吐不快和欲言又止之间只有望"节"兴叹的无力感。

情景感悟二：三十华诞是啤酒节发展史上的重要里程碑，也是一次深情回首、精心梳理和理性憧憬的难得机遇，这个机遇不单属于哪个正在承办的区市，而是一份共同的责任所系。对崂山区而言，应借此大有作为一番，至少可将庆典为平台展开多层级、宽领域的社会公关活动，因为总共30届啤酒节，崂山区连续承办了27届，是节日快速成长的卓著培育者。为此，2019年10月我就递交了一份报告，核心要义为"十个一"：①提出一句专属于第30届的响亮主题口号；②设计一枚三十华诞的专用标识；③创作一尊三十华诞的主题雕塑；④召开一场隆重的纪念表彰大会；⑤出版一批经典的宣传集册；⑥拍摄一部集萃往届精华的纪录片；⑦开发一系列收藏性的纪念品；⑧召开一次啤酒节亲历者座谈会；⑨举办一届高水平的国际论坛；⑩筹建一座啤酒节历史博物馆。然而，最后只是编印了一部纪念画册和一本书法题贺作品集，开场较为激荡，收场有些平淡。

情景感悟三：无论官方对三十华诞的立场、态度和行动如何，作为唯一参与了全部30届筹办的啤酒节工作人员，我都力所能及且身体力行地去营造三十而立的庆典氛围，不管个人能力大小，也不管影响远近。2020年6月23日上午10时，本人策划并邀请了其他8位参与首届筹办的人士，在黄海饭店和中山公园门口分别举行了座谈和纪念活动，因为6月23日是首届啤酒节的开幕之日，这一天也注定是青岛乃至国内现代节庆史上浓墨重彩的一笔。而中山公园作为首届啤酒节的开幕式现场，也正是啤酒节从青涩走向成熟、从弱小走向壮硕、从岛城走向世界的难忘起点，虽然它可能会被只顾向前奔袭的"后浪"们集体淡忘。30年后老友重聚的这天风雨交加，其中多位也年事已高，但大家都准时赶到并兴致盎然，纷纷对媒体讲述了自己与啤酒节的情感交集和对节日的难以忘怀。本人策划这次活动的本意，也正是想以小聚会拉开大庆典的序幕，并以此引起更多的人对啤酒节在特殊时间节点上的关注。

情景感悟四：由此想到，作为品牌之都的青岛拥有诸多桂冠：最具经济活力的城市、最具幸福感的城市、帆船之都、影视之城、音乐之岛等，而能洞穿沧桑岁月、百年一以贯之，交织、凝聚起寻常百姓对城市热爱的恰是啤酒文化。这就是经典的力量，而经典与时尚从来就不是一对矛盾，青岛当今的发展理念——开放、现代、活力、时尚，刚好都可在丰厚的经典中汲取所需的有益成分。深一层分析，啤酒及其衍

153

国际啤酒节联盟合作机制达成的2020青岛共识首页

国际啤酒节联盟合作机制2020青岛会议现场

生的节日是这座城市共同的"乡愁"，维系着百余年的情，浓缩了几代人的爱。尤其在经济社会快速发展的今天，在倡导现代时尚精神的当下，更应悉心发掘城市遗存的经典资源，因为由经典支撑的时尚才会底气更足、走得更远。至少，对于首届啤酒节艰难诞生的"助产士们"，我殷切希望参加纪念活动的各位不能疏于回首或选择遗忘。虽然上述座谈和纪念活动的规模不大，属民间行为，但它的意义在于人们自发地用看似微薄却不失厚重的赤诚，向啤酒节的三十华诞呈献了一份情怀依旧的敬意，同时以自觉的爱节行动来提醒后来者不忘初心和秉持传统。

情景感悟五：确应在节日三十而立这个承前启后的时间节点上，安排具有学术意义的探讨性活动，但人们大都乐于按下属于自己时代的"快进键"，不太可能选择带有回味和检视意味的"返回键"，即便这种回望和探讨对啤酒节的未来确有学术价值或理论导向作用。

情景感悟六：曾想赶在第30届开幕前出版本书，书中原本也没这一章的安排，但因主客观都有不成熟之处，直到节日举办前夕也未付梓。再者，总觉得本书只有前29届的记述而独缺第30届的内容不够圆满，是节史中的一页缺憾，也对不起"城醉——而立之年"这个书名，所以就且等且思且写，也因此生出了以上感悟独到的一章。

1991-2020
第30届青岛国际啤酒节
THE 30TH QINGDAO INTERNATIONAL
BEER FESTIVAL

黄岛区会场标识
设计者：青岛青央至美文化公司

1991-2020
青岛国际啤酒节三十华诞
THE 30TH QINGDAO INTERNATIONAL BEER FESTIVAL

崂山区会场标识
设计者：逢叔瞳

第九章

隽永的回声

文韵·流芳

时空对应：1991年至2020年

【公共记叙】

青岛是中国唯一拥有典型啤酒文化风俗的城市,从售卖形式、盛酒容器到品饮方式,从街头巷尾、酒店宴宾到节日欢聚,从老辈故事、坊间传说到繁富典籍,无不飘散着由啤酒风俗酿造的别样气味。古往今来,节事繁多。在难以计数的纷繁展演中能够广为人知和恒久传承的,大都外溢着明显的符号感。啤酒节也不例外,通过鲜明的标识传达、浓烈的色彩渲染、激荡的节歌播扬、特色的活动造势,构筑了这个东方最大酒类节事的显性样貌,也留驻了这个节日个性化的文韵承载。这些形貌和文韵或许不是啤酒节的主体呈现,却以节日副产品的形式展现于世,令人印象长久。

主 题 领 衔
(历届啤酒节主题或宣传口号)

主题是节日之魂,是节日最简约也最核心的理念标注,是节日与公众、与世界同构梦想的经典表达。啤酒节以往的主题创作有得有失、得大于失。"失"的部分表现在:一是多届节日无主题的缺憾;二是不甚明了地混淆了节日基调、宗旨、定位,甚至混淆了宣传口号与主题的关系,或无意中将开幕式(开城式)的主题作为替代品来使用,让多届啤酒节日的主题语焉不详。时至今日,不管往日经历了哪些确切的创作情形,经30届的积淀后尚能粗疏地理出以下主题线索,尽管难免会有似是而非的"替代品"杂居其间,但总比缺失了可供回味的背景和调性要好些。

第1届 "青岛啤酒连接着友谊与合作"

第2届 无主题

第3届 开幕式晚会主题 "东方翡翠"

第4届 开幕式主题 "走向辉煌"

第5届 无主题

第6届 开幕式演出主题 "升腾"

第7届 开幕式晚会主题 "扬起风帆"

第8届 开幕式晚会主题 "青岛之夜"

第9届 "相约九九 情醉五洲"

第10届 "品饮百家啤酒 参与万众狂欢"

第11届 "青岛与世界干杯"

第12届 "青岛与世界干杯"

第13届 "百年青啤 百年青岛"

第14届 "相聚帆船之都 狂欢啤酒家园"

第15届 "相聚帆船之都 狂欢啤酒家园"

第16届 "激情扬起风帆"

第17届 "激情扬起风帆 干杯和谐崂山"

第18届 "为奥运庆功 与世界干杯"

第19届 "为祖国喝彩 与世界干杯"

第20届 "情醉四海 欢动五洲"

第21届 "激情炫动四海"

第22届 "新会场 新期待 新机遇"

第23届 "多彩啤酒节 乐享新生活"

第24届 "激情奔梦 马上干杯"

第25届 崂山区会场 "青岛与世界干杯"

　　　　黄岛区会场 "海上啤酒节"

第26届　崂山区会场 "青岛与世界干杯"

　　　　黄岛区会场 "智慧啤酒节"

第27届　黄岛区会场 "音乐啤酒节"

　　　　崂山区会场 "品质酿佳节　岁月铸经典"

第28届　黄岛区会场 "上合啤酒节"

　　　　崂山区会场 "上合青岛　醉享崂山"

第29届　黄岛区会场 "活力啤酒节"

　　　　崂山区会场 "与共和国同庆　与新时代干杯"

第30届　黄岛区会场 "时尚啤酒节"

　　　　崂山区会场 "崂山全域欢动　激情历久弥新"

青岛与世界干杯

QINGDAO GANBEI WITH THE WORLD

节徽坎坷

节徽的最初由来前文已交代，节徽创立后经历的几段坎坷有必要记述一下。大的坎坷有两回：第一回是2001年2月，人们被跨入新世纪的大势所鼓舞，纷纷提议改变啤酒节举办的诸多老套路，包括对使用了十届的节徽也嫌老旧，并面向社会征集了许多新的设计方案。在组织专家对入围方案进行评审时，笔者是唯一对更换节徽持明确反对意见的人。第二回是2019年与另一支大牌的设计团队发生"碰撞"，他们略显武断地指出现有节徽的种种不是，也有弃之不用、另起炉灶的打算。综合两次大的和无数次小的节徽存废波折，本人要么晓之以理，从学理角度详解为何不能轻易改换；要么直言相对，回敬初来乍到者们对啤酒节传统的不尊，所依托的原则立场和学术支点如下。

第一，节日往往老而生魅。节日越老越有人文标本的价值，其可贵就在于它持之以恒、年年上演，成为区域精神和生活范式的重要载体。啤酒节30年了，真正形成传统且有文化遗产价值的仅剩四样：一是节日名称，二是30年未曾大改的节徽，三是首届落成的"人美酒醇"雕塑，四是每年延续不断创生的吉祥物。其他符号类的存在大都消失殆尽，不可避免地会丢弃一些优秀和美好的事物。节徽是啤酒节诸多符号中的领衔者，彪炳30年未被更替也说明后来者对它的认可和尊重；就像许多发达国家，科技进步可以一日千里，但文化形象未必日益翻新，许多延续数百年的著名品牌都未因容颜苍老而羞愧或更新。

第二，节徽是时代的见证。这要从源头说起。为什么最初的节徽与青岛啤酒的商标有几分相像，概因青岛啤酒厂是首届啤酒节的全权承办单位，容易将对节日的形象认知与企业的品牌标识相"会意"，包括节徽最终的设计者也是在青啤厂的协作单位中物色的。更重要的是在节徽的评定中，青啤厂在评委中的人数较多，发表的意见起了主导作用。依特定时代背景来论述，节徽像青啤的商标就对了，因为啤酒节本身就是站在青岛啤酒这个巨人的肩膀上的，以节徽与商标相像的形式来纪念和酬谢青岛啤酒，是这座城市应有的格局和雅量。而以"老旧"或"相像"的理由改换节徽的尝试，不是对历史的无知，就是对自身的放任。

第三，无须周而复始地折腾。节徽不仅有服务现实的作用承载，也有回望历史的重任寄托。通过节徽可烛照初创时人们的审美情趣和设计风格，甚至能折射出整个社会当初的节日价值观。轻易改弦更张、换掉节徽，是缺乏理念自信和文化定力的表现。而动辄否定前人之作，则是当今常见的最简单也最粗糙的技术性冲动，倘若再辅以商业动机，对节日人文资源的损毁就更甚。话说回来，如觉得30年前的节徽不时尚、表现手法不新颖，那么再过30年眼下的时尚和新颖也会被后人讥为老套。如此周而复始地折腾，啤酒节便永无传统凝蓄、诸多典籍尽废。所以，学会敬畏节日传统和尊重原有创作，是这个节日守正创新、长久卓立的根本。

　　节徽的创建和演进史上有三个节点及人物或设计团队应予充分的尊重和记刻：1991年的首创者王成鹏，2005年的规范者沈嘉荣；2020年的提升者青岛青央至美文化有限公司。

节徽设计者王成鹏

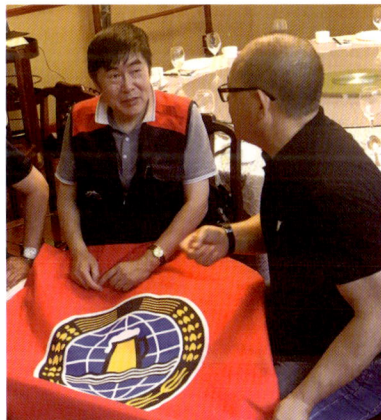
作者与王成鹏交流最初的节徽创意

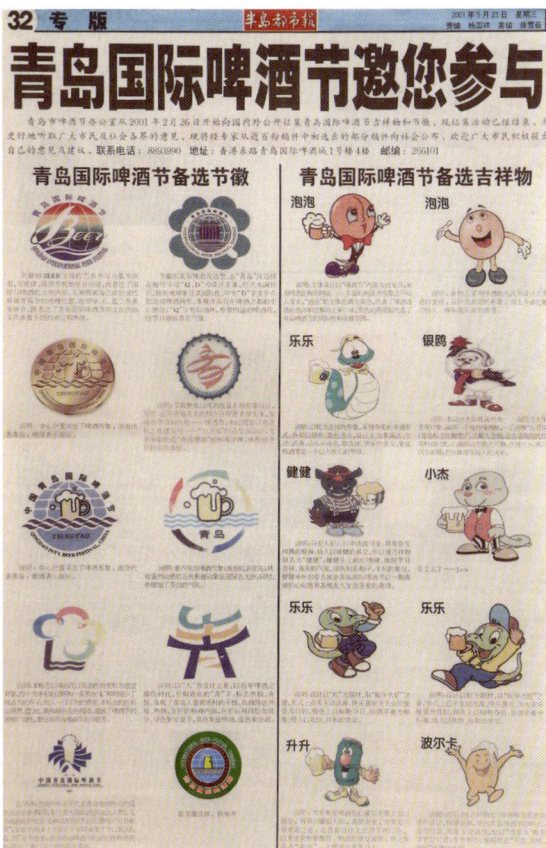
青岛国际啤酒节邀您参与
通过媒体公示征集到的部分节徽

吉 祥 连 岁

　　按理说，节日自始至终用同一个吉祥物就足矣，节庆业界的惯例也是如此，之所以后来每年都推出新的形象代言，主要还是与节日承办单位频繁更换有关。第2届不想用首届的，第3届不想用第2届，倒不是对上届吉祥物的设计不满，而是想再出新彩。其实就艺术特点和地域特征而言，首届的吉祥物"翡翡"未必差于其后几届的。而且，一旦以农历生肖为原型来创作吉祥物，就势必形成十二生肖的接续之势，大约循环了两轮于第24届后出现"断档"。2015年崂山区会场放弃了延续20多届的创作形式，另外塑造并固化了一个与生肖无关、带有卡通气质的吉祥物"小啤仙"。2016年黄岛区会场推出了自己的吉祥物"猴金刚"。吉祥物每届一换是个利弊互见的话题，优点是每年都有一份新的期盼，年年出新已成为啤酒节的传统之一，戛然中断确有几分可惜；弊端是每年一换的确烦琐，其欢快的面孔还未被公众熟识就又要变新，不利于节日形象识别的一贯性和聚焦感。

第1届　翡翡
中央工艺美院环艺系创作

第2届　帅帅
作者：司海英

第3届　青青
作者：金剑平

第4届　旺旺
作者：李秉义

第5届　欣欣
作者：金剑平

第6届　奇奇
作者：金剑平

第7届　比尔牛
作者：季颢

第8届　皮皮虎
作者：刘润来

第9届　蹦蹦
作者：郭铮

第1届至9届青岛国际啤酒节吉祥物及作者

第10届　腾腾
作者: 张忠雷

第11届　乐乐
作者: 周洪涛

第12届　骏骏
作者: 沈嘉荣

第13届　洋洋
作者: 杨 超

第14届　聪聪
作者: 杨 超

第15届　冠冠
作者: 沈嘉荣

第16届　佳佳
作者: 杨 超

第17届　奔奔
作者: 杨 超

第18届　哈哈比尔
作者: 沈嘉荣

第19届　庆庆
作者: 杨 超

第20届　虎虎
作者: 杨 超

第21届　朵朵
作者: 杨 超

第22届　珑珑
作者: 杨 超

第23届　壮壮
作者: 杨 超

第24届　奔梦
作者: 杨 超

第10届至24届青岛国际啤酒节吉祥物及作者

第25届至30届 小啤仙
崂山区会场
北京洛可可品牌策划团队创作

第25届 洋洋
黄岛区会场
作者: 杨 超

第26届 猴金刚
黄岛区会场
青岛时空文化集团创作

第27届 哆唻咪
黄岛区会场
青岛时空文化集团创作

第28届 旺 旺
黄岛区会场
青岛时空文化集团创作

第29届 祝 祝
黄岛区会场
青岛青央至美文化公司创作

第30届 赢 赢
黄岛区会场
青岛青央至美文化公司创作

第25届至30届青岛国际啤酒节吉祥物及作者

作者与先后共10届啤酒节吉祥物的设计者杨超

诚征第六届青岛国际
啤酒节吉祥物的启事

为了将第六届啤酒节办得更好,更有特色,青岛国际
啤酒节办公室向社会诚征第六届啤酒节的吉祥物。具体要
求如下:

1、为与前几届啤酒节相衔接,吉祥物的设计要以农
历丙子年的生肖物为基础,并继续突出啤酒的主题。

2、造型要新颖独特,图案要简洁鲜明,气氛要和谐
浓烈。

3、来稿一律用16开绘图纸绘制彩色平面图,并附之
文字说明创作寓意。

4、吉祥物确定之后,任何单位以任何形式使用吉祥
物图案都须征得啤酒节办公室同意。

5、征集截止日期为96年4月10日,愈不退稿。届时由
国家级专家进行评审,设入选奖一个,提名奖10个,中奖
者发获奖证书和一次性奖金。评审结果将在报纸上公布。

青岛国际啤酒节办公室

联系地址: 青岛石老人国家旅游度假区
(青岛国际啤酒城内)

邮 编: 266101

联系人: 王 军

1996年3月11日《青岛日报》三版

164

节 歌 几 度

　　节歌伴随了节史的全过程，且有多首是在不同年代的多样化创作，不过细论起来大都是为了某一届的开幕式晚会所作的主题歌，过了那届或换了导演就很少再唱。作为节日重要的无形资产，节歌之所以未能更广泛和长远地流行传唱，关键是在继承的环节上存在堵点。而不能继承的症结也在于承办单位换过多次，节日会场分设太多，很难统一。少有人能真正读懂节日文化连续性的重要，也没人去悉心爬梳一首节歌与城市文韵的心契魂交。例如，一曲《手拉手》不仅并联了汉城（现为首尔）与奥运的关系，也拉近了奥运举办城市与世界大家庭的距离。再如轻柔曼妙的《太阳岛上》，将哈尔滨夏季之旅迅速炒红并风靡大江南北。坦率地说，啤酒节的节歌未能达到上述歌曲创造的理想境地，能供人偶尔忆起或完好保存的只有三首。

　　第一首《东方翡翠》仅唱了三届即成绝响，留下节史上一个深深的遗憾。《东方翡翠》确有唯美倾向和柔曼情态，看似与欢庆干杯的力道无关，但深一层欣赏便可领悟含蓄中的自然之美，正是青春之岛风韵别具的诗画意境，是其引动八方宾朋前来聚欢陶醉的真切理由。从海纳百川和各美其美的创作思维而论，更没必要每首歌或每句词都要直白浅显地表露和刚性十足地张扬。

　　第二首唱得最久，从1997年算起到如今已20多年。原名《真诚与爱》，后改为《共同的节日》，歌词内容也多次修改，为的都是与不断进步的时代合拍，其实大可不必。节歌作为节日文化的特殊载体，它的长期承续和词曲不改，是节日长盛不衰的重要维系。就像响彻慕尼黑啤酒城内外的祝酒歌那样代代传唱，不随时兴，不因事变。节日和节歌就是它本身目的和意义的自洽，无须承担太多的时代之责，也不应作为与时事政治牵扯互动的词曲图解。1949年在确定新国歌时，直接选择了14年前的电影插曲《义勇军进行曲》，且大抵保持了歌词原样，并未以开国之宏大气象为由进行新的改编创作，仍把"最危险的时候"作为盛世危言的警励，确是超乎寻常的高明之举。

　　第三首《山与海的拥抱》，年轻而高亢，是2015年伴随西海岸开辟节日会场的一款新曲。无论词曲还是演唱形式，都昂扬着自信洒脱和激情似火的超越精神，很有气势。不足之处或在于过多强调了鼓舞性，使之成为励志歌曲，反而弱化了它的容纳度和感染力；再就是激越中的美感传达似有欠缺，难以成为参节公众口口传颂的妙曲佳音。

　　可叹的是，时至今日，岛城市民甚或直接操办啤酒节的工作者，也没几人能完整地唱出节歌或背出歌词的。对于这个拥有30年历史且扬名中外的节日而言，这不能不说是个缺憾。

东 方 翡 翠
——献给青岛的歌

1=♭E

中速稍慢 优美地

张 黎 词
徐沛东 曲

一块碧玉翡翠，她是海的宝贝！漂浮在黄海之滨，美得令人醉。
一条金石项链，连着海的都会！海浪亲吻着沙滩，恋着山和水。

这就是青岛，大海贴着胸围，含着蓝宝石的绿，闪着珊瑚的光辉。
这就是青岛，头顶云蒸霞蔚，蕴育爱的心灵，吐露花的芳菲。

东方的翡翠，青岛多美丽！东方的翡翠，青岛你该多富贵！
东方的翡翠，青岛好枕褥！东方的翡翠，青岛乘风扬帆飞！

一架百里长的大海之琴，青岛是迎接贵宾的仪仗队。
飘着万朵云霞织的彩旗，朝理想之岸迅猛向前进。

嗨呵嗨喂，东方翡翠！嗨呵嗨喂，东方翡翠。

（结束句）

东方翡翠。喂！

166

共 同 的 节 日

1=A 4/4

♩=120

任卫新 范作军 作词
姚明 作曲

我 们 的 心 是 欢乐的大 海
我 们 的 心 是 欢乐的大 海

畅 饮 一 杯 浪漫的情 怀。 狂 欢 今 天 不同肤色
千 里 万 里 走到一 起 来。

狂 欢 未 来， 啤酒飘香的名 城 涌动世纪的风 采，
共 同 期 待， 帆船之都的鲜 花 为 世界盛 开。

大海可 爱 青岛可 爱 友谊可 爱 生活

1991年创作

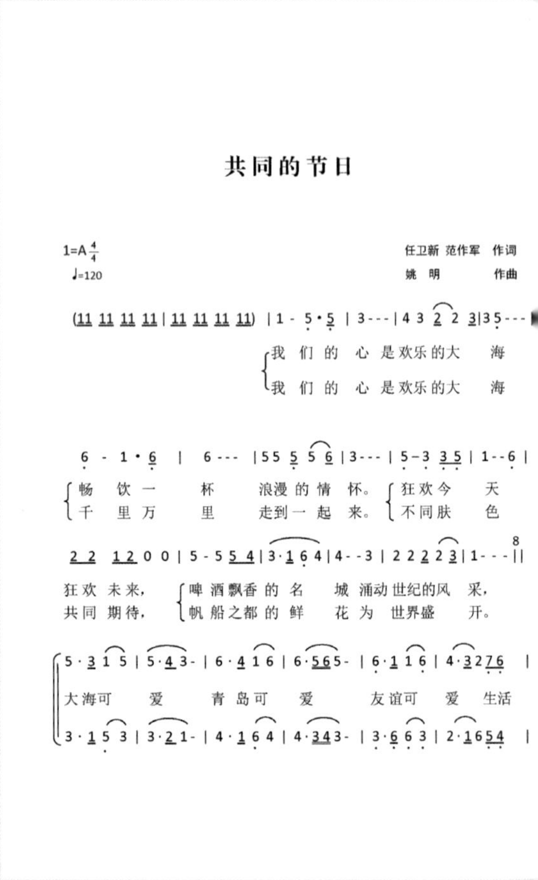

1997年创作

与首届啤酒节节歌词作者张藜

3-1|5--|0000 |0000 |0000 |4 3 1 3 2 1|7 1 2 2·5|
爱，这一杯青春的酒与这青春的城市美丽同在，喝不完 饮不尽的是 永远的

1-5|2--|5 5 5 1 7 6|5 5 5 1 1|7 7 6 5 5 2|0000|0000|
--- |2 2-5|5--4|3--|§ |1—²1:|| §²1 8

§
永远的爱。
0 0 0 0|2 2-5|3-2 1|1--|§ |1—¹1:||§² 1 8

-5·5|1--|1--|1---|10000||
远的爱。
-2·2|3---|3---|3---|30000||

山与海的拥抱

1=A
欢快热烈地   男女声二重唱   谦词词
                                                      刘琦曲

4/4 5 3 1·0|2 7 5 5·0|5 5 5 6·|3---|1 6 4 4 0 0|
举起手   抬起头   激情在燃 烧   挥挥手

6 4 2 2 0 0|6 6 1 2·|5---|5 3 1·0|2 7 5 5·0|5 5 5 6·|
摇一摇   山海在拥抱   笑一笑   跳一跳   激情在燃

3---|1 6 4 4 0 0|6 4 2 2 0 0|5 3 5 2·|1---|1—5-5·5|
烧 举起杯   看未来   山海在拥 抱   浪花是

1 6 5 1 7|6 1 1 6·|5---|6 6 6 5 6 3 6 1|4 3 1 3·|
我 们不曾停歇的舞蹈   松海是我 们生生不息的骄

2---|3 3 2 3·|1---|5 5 3 1·|6---|1-6 6 5 6 3·|
傲 希望让我们   不停的奔跑   自信让我 们

1.2.   3.
5 3 2 3·|1---|1---|5 5-5·|
飞翔的更高   高   飞翔的

6---|5---|1---|1---|10000||
更   高

2015年创作

招 贴 流 韵

　　在前三届啤酒节的年代，报刊、广播和电视媒体的主流地位无可撼动，人们还未曾想到采用海报这种兼顾户外与室内的宣传形式。从第4届开始才萌发了创作广而告之的海报的想法，除了第5届莫名断档，其后每届都有新的海报面世。以下所录未必齐全，只是尽可能多地搜罗最有代表性的作品。这些海报既包括节日本身的，也收录与节日演出相关的，意在使不同届别的缤纷节日得以万花筒般地展现。不管创作者的动机怎样和设计的水平高低，每张海报都是那个年代流行风尚的承载和审美观念的体现。

168

第4届

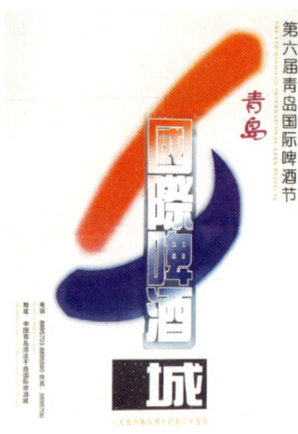
第6届

第7届

第8届

第9届

第10届

第11届

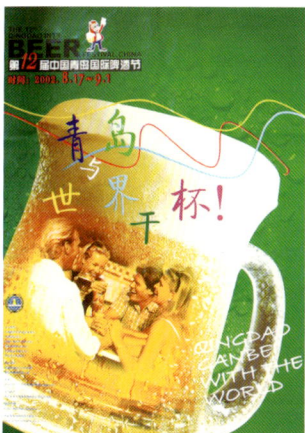

第12届

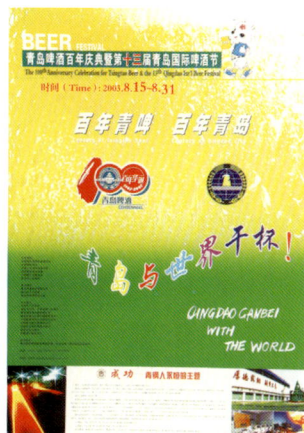

第13届

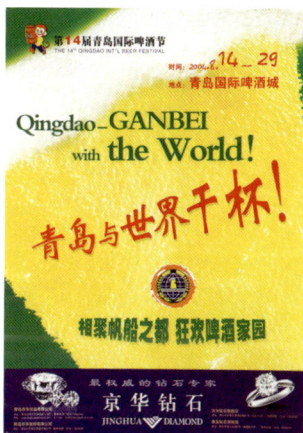

第14届

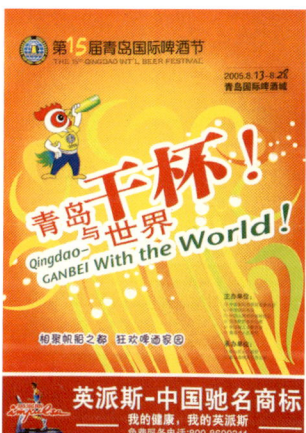

第15届

第16届

第17届

第18届

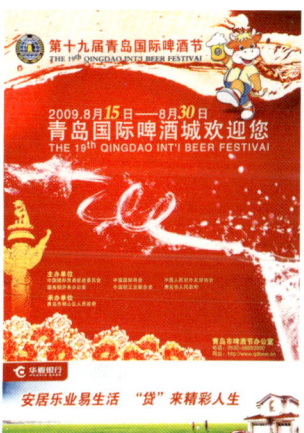

第19届

第20届

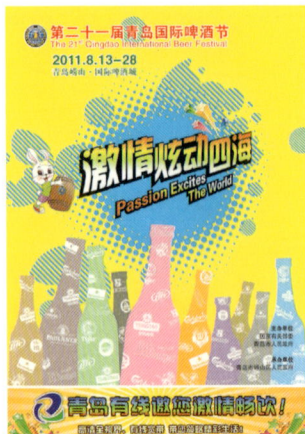

第21届

第22届

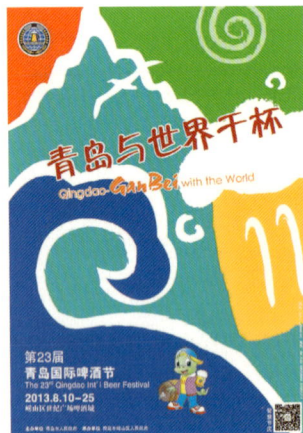

第23届

第24届

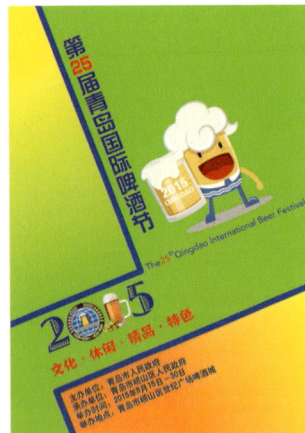

第25届

第25届　黄岛区会场

第26届　黄岛区会场

第27届　崂山区会场

第27届　黄岛区会场

第28届　崂山区会场

第28届　黄岛区会场

第29届　崂山区会场

第29届　黄岛区会场

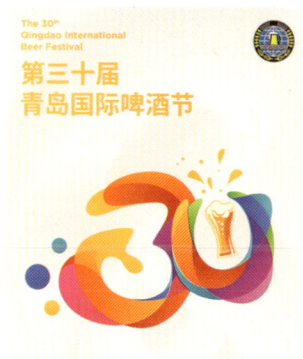
第30届　崂山区会场

第30届　黄岛区会场

画 册 传 播

　　30届的啤酒节至少编印了各类画册近百种，本书仅选其中较有代表性的十种。标准有三：一是画册不仅应具备宣传功能，还要有较强的纪念性和史料价值；二是画册选取刊载的内容原则上不能少于三届，只是当届的宣介一般不选；三是画册要求图文并茂、印制精美，内容介绍翔实可靠。另外，本书所录画册的简介文字，仅列明具体负责策划、编辑和设计的人名。这一做法也符合本书"小手笔抒写、大视角看节、长时空采撷"的指导思想。

1994年编印
总策划：王健生 任光锐
策划执行：马 林

1999年编印
执行编辑：林醒愚 张 岩 张 晖
装帧设计：张 晖 刘吉成

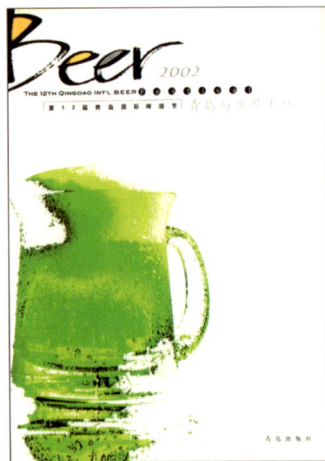

2002年编印
责任编辑：刘 咏 杨 慧
装帧设计：弋戈书装

2006年编印
策划编辑：林醒愚
装帧设计：丁明波

2010年编印
策划编辑：林醒愚
装帧设计：曹秀兰

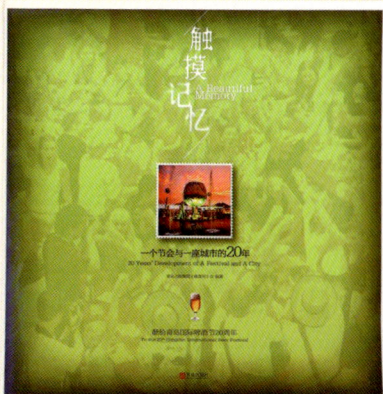

2010年编印
顾 问：林醒愚
装帧设计：刘　欣乔　峰

2010年编印
策划编辑：林醒愚
装帧设计：曹秀兰

2014年编印
策划编辑：林醒愚
装帧设计：林乡白

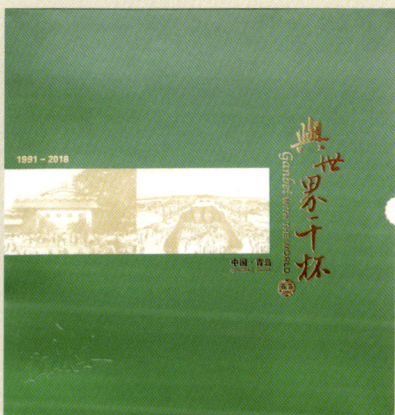

2018年编印
执行主编：林醒愚
设计总监：林乡白

173

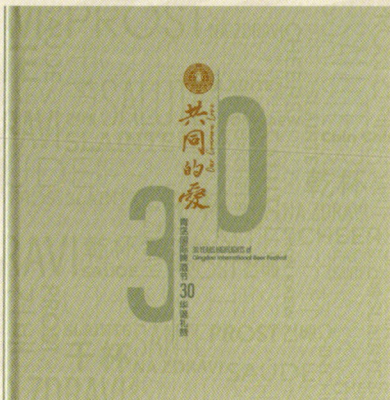

2020年编印
总策划及文案：林醒愚
设计总监：林乡白

凝塑经典

专为啤酒节创作且存续至今的雕塑甚为稀有，30年来半途而废的多，挺到当今的少。或因艺术水准欠缺难成经典，或因场地改造早已拆挪搬家。其中仅有三座为参节公众留下了美好而长远的记忆：一是1991年6月塑立的"人美酒醇"，二是1993年8月竖起的"小天使"，三是1994年兴建的"青岛啤酒誉满全球"。

而三座雕塑中至今仅有"人美酒醇"一尊尚在崂山区世纪广场矗立（另一尊仿制品在黄岛区金沙滩啤酒城内）。这一硕果仅存的雕塑可谓流离多年、辗转几度，最早立在市南区南海路第一海水浴场主入口处的三角花坛内，于1996年迁至崂山区啤酒城西侧的海尔路绿化带中。遗憾的是，原本镶嵌在雕塑花岗岩基座上的十个包铜字"酒香飘四海深情寄五洲"，在第一次搬迁时竟不知所踪，这无疑削弱了作品的寓意和诗化意境。

2012年啤酒节迁至啤酒城东侧的世纪广场举办，"女神"又屈驾尾随而来。"人美酒醇"的俗名即"啤酒女神"，是那些不知所以然的人们为之起的名号。显然，"人美酒醇"更富有人文意蕴，也更接近原作者的设计初衷，而"啤酒女神"虽较直白，却更易满足公众的审美情趣和便于通俗化记忆。再者，1998年后"啤酒女神"评选活动的持续举办，也从侧面烘托和强化了"女神"概念的存在感，一座雕塑在潜移默化中被改了芳名既无可避免又顺理成章。

1991年6月落成的"人美酒醇"雕塑，主体高6.3米，基座高2.5米，通高8.8米，总造价不到18万元，堪称啤酒节最具标本价值的历史遗存，在1996年全省城市雕塑展上获得山东省城市雕塑优秀奖。原创者邢成林先生有"重工业艺术家"之誉，尤其擅长使用青铜、锻铜、不锈钢等金属材料。距首届啤酒节开幕只剩43天时，这个雕塑才从40多件征集作品中脱颖而出。因工期太紧，啤酒节开幕之前匆忙落座的是石膏模型替代品，真正铜锻的作品于当年11月初始告落成。"人美酒醇"的创意构思和材质取舍，显然受到慕尼黑啤酒城中那尊"巴伐利亚守护女神"雕塑的启发，后者是在慕尼黑啤酒节创办40周年之际的1850年落成，一直是慕尼黑啤酒节招牌式的呼唤和标志性的象征。应说明的是，"巴伐利亚守护女神"既不是酒神，也并非专为慕尼黑啤酒节创作。雕像手擎的橡树花环和身边蹲坐的雄狮，既清晰地传达了神圣不可侵犯的止乱威严，也表现出祈愿康宁盛世的平和景象。因为它是以古希腊女战士为原型创作的，其守护的对象是纪念巴伐利亚历史名人的万神殿。

三座雕塑中体量最大的是"青岛啤酒誉满全球"，因其高大形体在视觉上的冲击

"人美酒醇"的创作者邢成林

慕尼黑啤酒城的"巴伐利亚守护女神"

175

坐落于崂山区啤酒节会场的"人美酒醇"雕塑

力，民间便为它取了个更直观的俗名"天下第一杯"，久而久之本名未曾叫响而俗名
广为人知。这让人不由想到古龙的那句名言："一个人的名字可能起错，但外号是绝
不会错的。"这座雕塑是啤酒城的"门面"，于1994年啤酒节开幕前夕落成，2013年
拆走后放置在青啤五厂院内。"天下第一"这四个字并非浪得虚名。首先，它的设计
团队为国内顶级艺术院校——中央工艺美术学院环境艺术研究所。其次，来自它庞大
的体量和巨额的投资。就体量而论，这座雕塑的杯体为不锈钢材质，总高8米，直径
6米，总重4.8吨。杯下还有一组欢乐的酒神簇拥在一起，加上雕塑周边拱卫式景观喷
泉，总占地共3000平方米。雕塑不仅以体积著称，其绝妙创意还体现在以溢出酒杯的
啤酒泡沫，勾勒出地球各大陆板块的轮廓，由此寓意并应和雕塑的主题"青岛啤酒誉
满全球"。就投资而论，1994年投资497万元不可为不巨，它的拆除实在令人惋惜。

"青岛啤酒溢满全球"雕塑

　　三座雕塑中体积最小、存在时间最短的是第3届啤酒节举办前，在汇泉广场啤酒
城竖起的"小天使"。因其结构和造型都比较生动有趣，故而没有作为临时的景观装
置，而是一直沿用到第6届，也经历了由市南区向崂山区的"迁徙"，至第7届时不见
踪影。这座景观雕塑高8米，其中"小天使"身高3.2米，在高空可做出210度的大幅旋
转；酒桶底座高4.6米，直径2.7米。雕塑由中央工艺美术学院广告公司设计施工。

　　正因能洞穿岁月的雕塑太少，而中国人历来是讲究和在意"门面"的，故将往届
啤酒节较有代表性的城门也列入其中，并将此节的小标题概括合称为"凝塑经典"。是
城必有门，凡门皆脸面。每届啤酒节的城门都是参节公众对啤酒节的初始印象，也是
节日强力"吸粉"的要地所在，无形中为节日积蓄了宝贵的形象资产。正因为城门是

作者珍藏的青岛国际啤酒城城标雕塑铭牌

比利时布鲁塞尔的小英雄于连雕塑

坐落于啤酒节会场中的"小天使"雕塑

177

节日的"脸面",也体现了主办者不同的办节理念,所以它经历了多次改造和重建。前三届啤酒节的大门都是临时搭建,崂山区啤酒城(包括世纪广场)建成后,先后共拆掉过4座城门。

第5届啤酒节前建造的城门最富创意,具有非凡的美感和时空穿透力,其设计寓意和巧妙构思,已大大超前于那个时代人们平均的欣赏水准。1995年8月4日《青岛日报》对之进行了如下描述:"啤酒城新矗立的大门,是由两根交叉的钢梁和大理石柱组成,极具强烈现代色彩的大门在分割空间的抽象美感中,表现出开拓性和开放性。"可惜它在第7届结束后被匆匆拆除,只心高气傲地存立了三年,120万的建造投资也在破拆机的轰鸣中很快化为乌有。

在原位置上新建的大门中规中矩,更多体现了青啤的元素,包括架构、文字、色彩和徽标。这座门的幸运指数较高,从1998年至2013年共矗立了16年,是"在位"时间最长的城门。不能忽略的是,海尔路上的那座透着浪漫气息的啤酒城西大门,其建筑体量和工程造价为历来的城门建造之最。这座仿效迪士尼风格的城门一度风头胜过南大门,然而仅存活了12个春秋,2010年因啤酒城改造之需也被拆除。

啤酒节会场迁至世纪广场后也建造了一座半永久性的城门。所谓半永久,是依据上实集团承诺"啤酒城改造五年完成"的期限,因此这座城门只需在世纪广场坚守五年即可,待啤酒节搬回啤酒城后城门自然废弃迁移。五年的时间转瞬即逝,啤酒节迁回之日遥遥无期,半永久的城门也在五年使用期限甫过即被拆除。如此,4座与啤酒节相关的大门在崂山区的命运大抵交代清楚了。第26届开幕前夕,世纪广场香港东路入口又落成一座造型新奇的城门,以5只簇拥的别致酒杯碰撞出动感十足的迎宾气氛。

黄岛区啤酒节会场的标志性大门建于2016年,其创作的灵感来自节日主题"青岛与世界干杯"寓含的张力。或许因为建造的工期太紧,或许对节日更深层的文化意涵发掘不够,这座大门的境界营造稍显简单和直白,没能更好地激发和满足公众对节日的艺术想象力。

第1届啤酒节中山公园啤酒城大门
设计者:于鲁民

第3届啤酒节汇泉广场东侧训练场的啤酒城大门
设计者:徐明瑜

第5届至7届啤酒节啤酒城大门
设计者：林志坚

第8届至20届啤酒节啤酒城海尔路大门
设计者：加拿大富尔列斯公司

第8届至21届啤酒节啤酒城大门
设计者：佚　名

第22届至25届啤酒节崂山区世纪广场啤酒城大门
设计者：曹秀兰

第26届至30届啤酒节崂山区世纪广场啤酒城大门
设计者：李言伟

第26届至30届啤酒节黄岛区啤酒城大门
设计者：李少华

"节 服" 大 观

　　"节服"是个从未被清晰界定的概念，可将凡带有节日标识、文字、图案或色彩，且主要在节日期间用于穿着、销售或赠送的服装都统称为"节服"。如此说来，"节服"从首届即现身且每届都有新装问世，只是前三届多以参节啤酒企业的文化衫暂代"节服"。第12届啤酒节之前的各类"节服"，可粗略地等同于寻常的圆领文化衫，只有面料、颜色和图文的不同，款式、风格和穿着形式均无质的改变。第12届啤酒节首次创制了以黄、绿、橙三色竖条为装饰的立领衬衫式工装，主要为指挥部的工作人员在岗时穿着。第14届啤酒节才是现今意义上"节服"的发祥之年，其花色、图文和式样都颠覆了人们对以往节日服装的印象，使之首次真正具备了"节礼"的赠送价值，也成了往后多届啤酒节沿袭未断的服饰风尚。

　　第29届啤酒节黄岛区会场对节日着装进行了更专业的系统设计，在节日中穿着和演示的所有作品都反响良好，尤其啤酒女郎穿戴的"华服"系列更成为视觉焦点，既提高了公众参节的审美情趣，也改变了节日原有的美学观念，使啤酒节的节服有了光鲜的时装感，是啤酒节服装进化史上的一次基因突变。

　　节日不是平日，而"节服"显然是超然于日常的一种仪式化的定制和呈现，它要满足的不是简单的遮寒或蔽体要求，也不仅是要具有一般的装饰和美化作用，而是承载了由节日涵括的公共属性和社会功能——激活传统记忆、强化集体认同、传播节日形象等。所以，节服不单要穿在身上，还要记在心上，并流播到社会上。遗憾的是，往届啤酒节只有形式上不断翻新的服饰趣味，缺少内质上更深层的传承，因此也就无法像慕尼黑那样，每逢10月人人都有一套可以重温历史情味的佳节盛装。

前三届啤酒节由啤酒厂家印制的文化衫

最早由组委会统一印制的文化衫

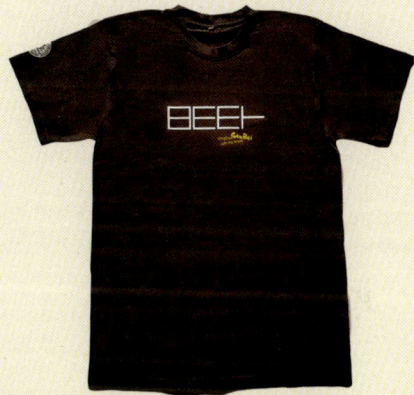

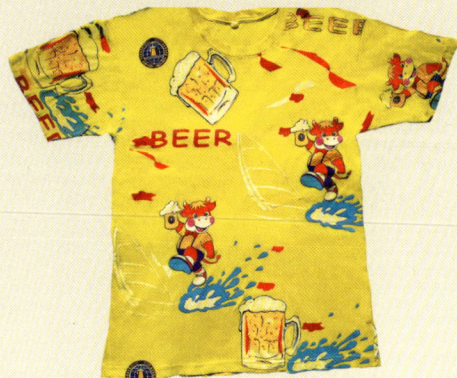

往届啤酒节不带前排扣的文化衫

啤酒节工装节服的开篇之作

啤酒节花式节服之始

往届啤酒节的工装式节服

第29届颠覆式创意的啤酒女郎华服（设计师：刘薇）

第29届设计的大篷销售人员服装

第30届官方专用节服

183

第24届啤酒节期间展示的各类节服

墨 舞 香 凝

　　饮酒与书法的浑然一味古已有之，行为极致之处怎一个狂字了得，无论张旭大醉酩酊后的落笔云烟，还是怀素酒酣耳热时的挥毫泼墨。啤酒入席书家的案几虽晚，却更易引致豪放恣肆的狂态，现代书法大家畅饮后的挥洒确也不乏佳作。啤酒节有三波与书法深结良缘的华彩桥段：一是第8届开幕之际岛城知名书画家的赐墨，二是第20届举办前国内书坛名家的题贺，三是为佳节而立之年题献的新篇。三段笔墨流芳的浓缩和集萃，共同构成了节日丰富且高俊的文化褶皱，也见证了一个现代节庆与一门传统艺术30年的不离不弃。

　　啤酒盛会享誉中外，激情四溢是其狂放形态；书法艺术贯通古今，行云流水是其至高灵性。当狂放的节日和流畅的书法交汇共情，便会生出超然物我的全新化境——书法拥有了欢快升腾的意味，跃动着笔锋的舞蹈和墨迹的咏叹；而节日也升华为与国粹共舞的隽永，凝练出超越声色物欲的史籍经典。"用作品说话"是对书法最公允的价值判断，所以下列辑录的作品一概不具书写者的身份和职务，排名也不分先后；不论及书写者的世界观，只供读者欣赏。

作者在第30届啤酒节书法展现场

作者参观第30届啤酒节当代书坛名家题贺作品展

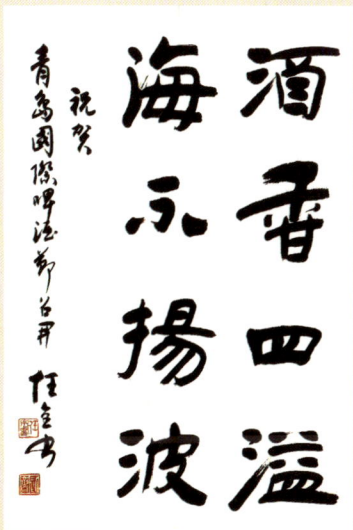

任全书

张 伟

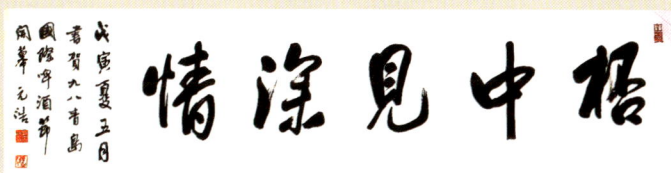

靳元浩

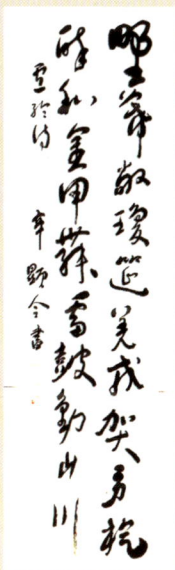

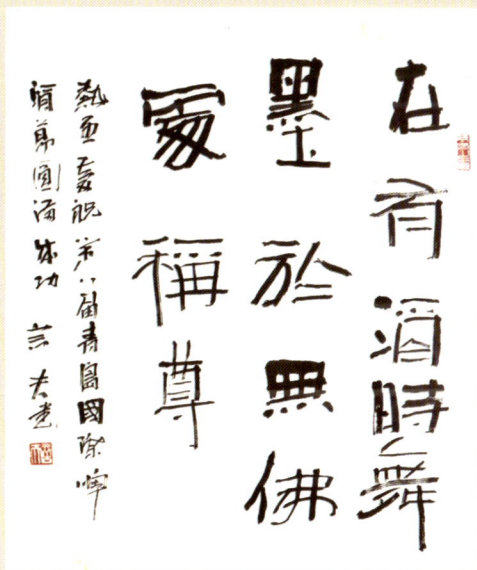

辛显令

姜言夫

第8届啤酒节书法作品精选

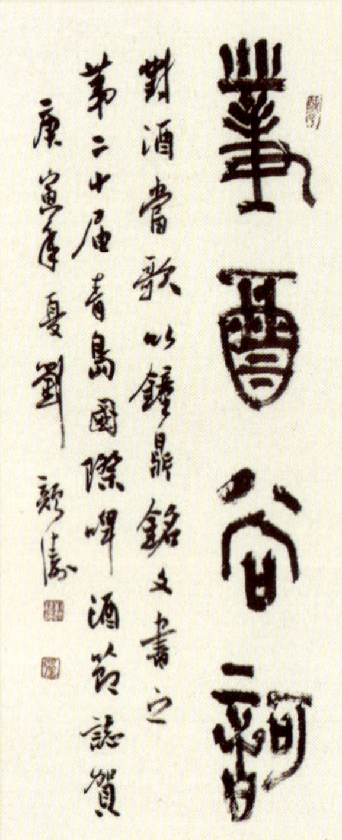

刘颜涛

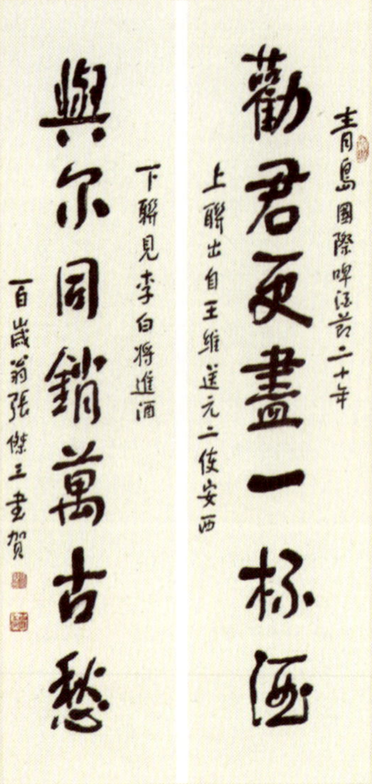

张杰三

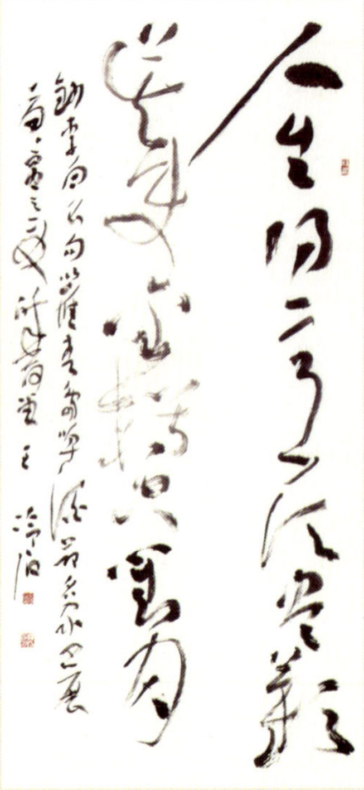

王冷石

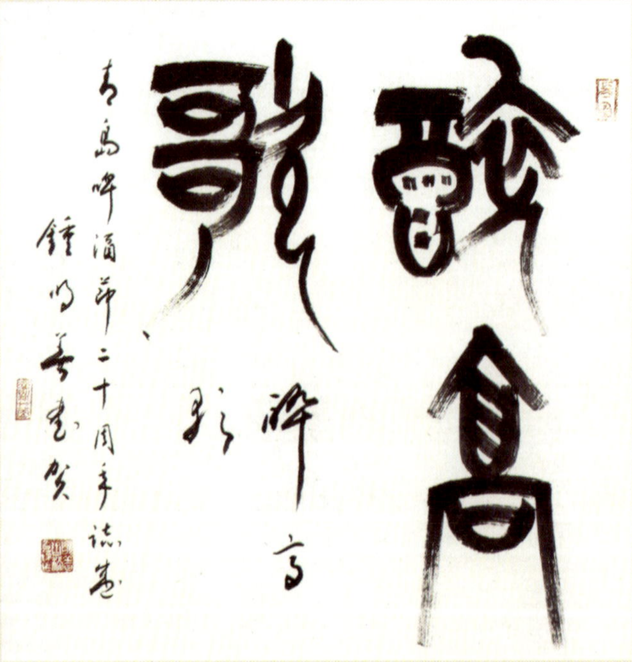

钟明善

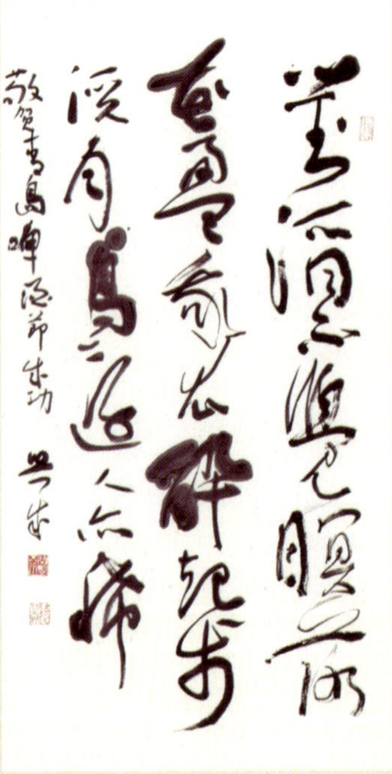

饶兴成

第20届啤酒节书法作品精选

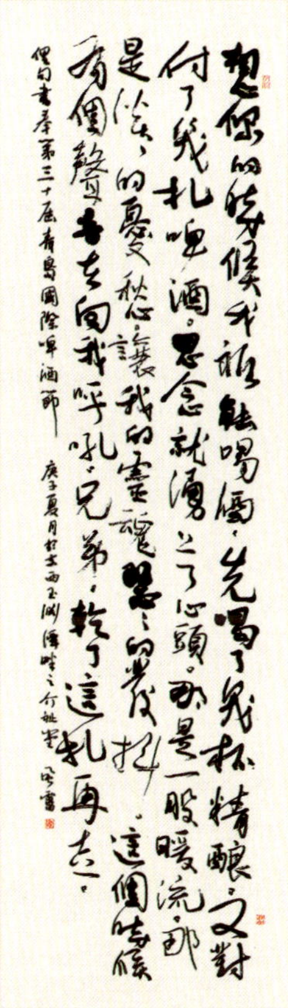
于风雷

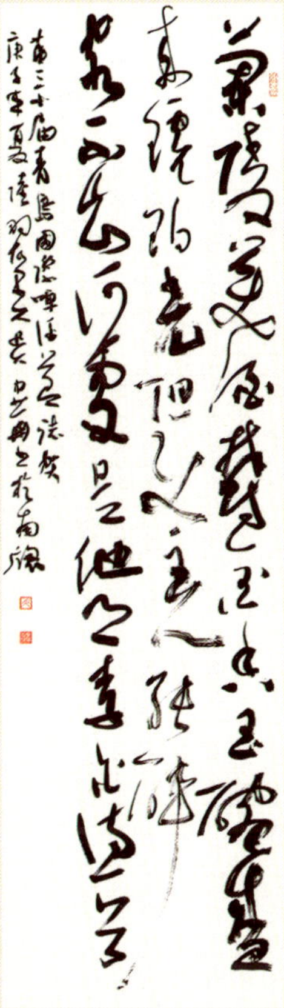
吴中华

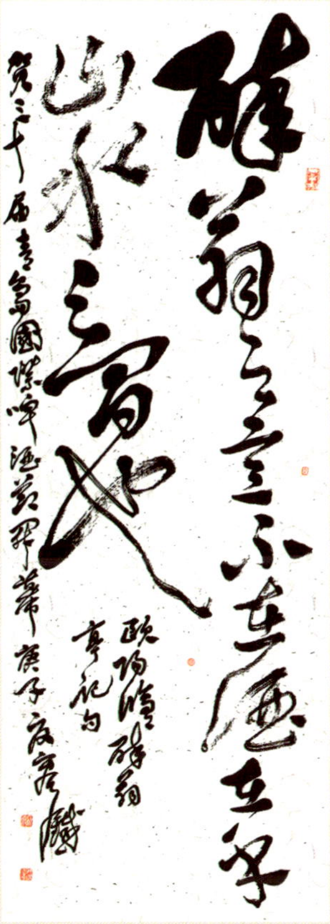
容　铁

毛智华

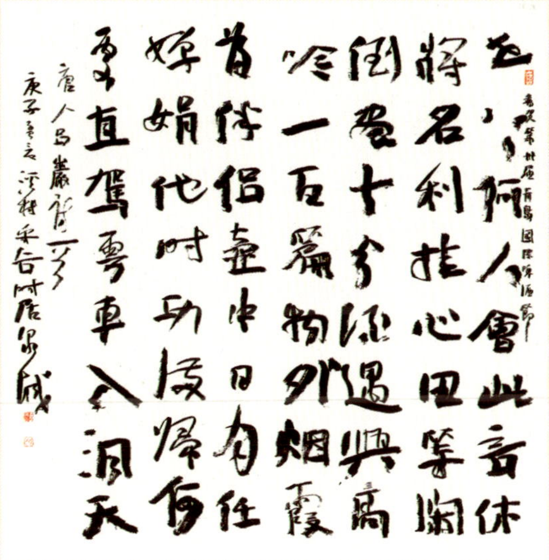
燕守谷

第30届啤酒节书法作品精选

品 牌 绩 优

尽管每届啤酒节都力图在表现形式上出新出彩，但啤酒节的最高价值认同还是要系结在对啤酒品牌的锁定上，尤其是对中外知名啤酒品牌参节行为的锁定上。因为品饮啤酒是这个节日恒定不变的主体活动，也是其对外传播节日形象和引发关注的核心旨趣，否则便会眉目不清或表达含混，甚至被误认为音乐节、艺术节之类的大型演艺活动。

首届至今，国内排行榜靠前的啤酒品牌都曾与啤酒节打过交道，包括燕京、雪花、珠江、金威等。之所以国内名啤后来的出镜率越来越低，主要是产品竞争和市场布局的着力点不同所致，更深层的原因或在于：外来品牌常会本能地将青岛啤酒与青岛的啤酒节做"同根化"和"同轴化"的理解，所以很容易做出不为竞争对手捧场喝彩的选择。巧合的是，从呱呱坠地到而立之年，青岛国际啤酒节先后共吸引了30个国家的超过1600多种啤酒产品来青参节，世界主要的工业化啤酒生产大国的代表性产品都来此亮过相的说法绝非夸张。客观而论，青岛国际啤酒节一直就是国外啤酒进入中国市场的有力跳板，而啤酒节也是外国品牌能否赢得消费者喜爱的精准试金石。

当然，30年来参节啤酒产品的种类既无法详述也数不胜数，这与国内啤酒消费快速增长、国外啤酒纷纷涌入的特定历史阶段有关，也与当年啤酒节曾经放低门槛广邀客商且来者不拒有关。好在时间是度量品质最好的衡器，可称出品牌的价值含量和韧性强度，尤其经过长达30年的筛选，足以凸显那些中流砥柱，也会大浪淘沙般地舍弃那些参加一两届便浅尝辄止的小打小闹，更会留下诸多启发性的线索和可依循的规律：凡参加届数明显排前的，一是多为国际知名的大品牌，二是基本都已在中国境内投资建厂，三是都对中国啤酒消费有远阔的市场目标，四是均看好啤酒节这一有助于品牌营销的得力平台。当然，通过这些品牌的参节经历，还可折射出中国啤酒行业风起云涌又色彩斑斓的进化流程，也可洞悉啤酒与节日、节日与城市、城市与世界高频互动的特殊机缘。

以下所列的10个啤酒品牌的"节龄"都在七届以上，不论其在胶州湾的东岸还是西岸，只要加盟过啤酒节的大型会场且以大篷（花园）自立门头的形式参节，都在本统计之内。需说明的是，由于时间比较久远、会场多次漂移、经销时有换主，相关证明多有缺失，只能凭现有资料加上当事人的回忆，并经笔者反复查询、比对和考证后，才艰难梳理出如下相对准确的品牌参节届数。

中国青岛啤酒：1991年至2020年，共30届

德国慕尼黑皇家HB：1994年至2020年，共27届

丹麦嘉士伯：1994年后至2020年，共26届

美国百威：1993年后至2018年，共约22届

德国柏龙：2005年至2020年，共16届

德国科隆巴赫：2005年至2015年，共11届

荷兰喜力：2009年至2019年，共11届

德国碧特博格：2001年至2011年，共11届

德国威麦：2007年至2016年，共10届

日本朝日：1993年后，共约7届

30年来，参加青岛国际啤酒节的啤酒产品涉及以下30个国家（除中国之外的其他各国均按英文首字母顺序排列）：

中国、澳大利亚、奥地利、比利时、加拿大、捷克、丹麦、芬兰、法国、德国、印度、爱尔兰、意大利、日本、墨西哥、荷兰、新西兰、菲律宾、韩国、俄罗斯、塞尔维亚、新加坡、南非、西班牙、斯里兰卡、泰国、土耳其、英国、坦桑尼亚、美国。

对前30届参节品牌梳理和排序后不难发现，除了东道主青岛啤酒外，德国啤酒竟占据了持久参节品牌阵容的半壁河山。决定这一占据优势的主要因素是，德国啤酒的整体品质拥有举世公认的良好口碑，也不能忽略百年前德国在青岛打造"模范殖民地"时所做的"努力"，这些仍在潜移默化地对青岛当今的消费价值取向产生着持续影响。

30年来参节次数最多的国内外啤酒品牌

【一己私怀】

往事情景一：2013年深秋，"天下第一杯"雕塑的拆除工程进行得如火如荼，看来"天下第一"是指定保不住了，只有喷泉操控室两侧墙体上镶嵌的"青岛国际啤酒城城标雕塑"建造工程铭牌可供收藏和存忆。于是我马上赶到现场找人帮忙仔细撬下并包好运回。有人不解：雕塑都不存在了，被拆下的这块石板那么沉，有啥用？他们不知这座雕塑与我个人命运的牵绊——从1994年至2013年的二十载光阴，我度过了一个完整版的啤酒城岁月，人与城在相互注视中共同见证了那段兴衰荣辱、跌宕起伏的节日历程。虽然这座城一向沉默无语，但它的陪伴者却时常忆念有加。

情景感悟：啤酒节举办30年，作为物质的或非物质的文化遗产，仅剩几样未被弃用：一是节日名称不曾改变，二是首届沿用至今的节徽，三是1991年6月落成的"人美酒醇"雕塑，四是每届创生一个当年的生肖吉祥物。或许秉怀往故，或许性情使然，反正我从未疏忽涉及啤酒城史迹的相关物存。那座老城存蓄了无数人的佳节回忆，也珍存了我最好年华的奋斗经历。

往事情景二：以农历生肖为原型的吉祥物创作始于第2届，之后基本是有规则地接续。尤其每年通过媒体公开征集吉祥物的设计方案，久而久之形成了节日启动筹办的第一信号，也成为公众对新一届啤酒节的期盼之始。吉祥物的命名颇有趣闻，它每年焕新的名字并非都是创作者酌定的，而是由节日承办方经讨论产生的，在符合艺术标准和形象特征的"规定动作"之外，也有近水楼台的"自选动作"。

情景感悟：吉祥物的命名虽有一定的偶然性和随机性，但总的调性一是把握生肖的主要形态和习性特点，比如第9届的"蹦蹦"，就是拿捏着兔爷喜欢蹦蹦跳跳的特点而得名；二是须具有欢乐喜庆的色彩，比如第10届的"腾腾"，以龙腾虎跃之势为跨世纪的节日吉祥物命名，有加倍欢动的效果。当然也有比较为难的，比如第11届蛇年的生肖在联想方面"先天不足"，以相对抽象而又不失欢喜意趣的"乐乐"相称刚好。今时，每每回想那些评选和命名吉祥物的旧事，都能登时产生鲜活的既视感，那些被激活的生肖们都直抵眼前、跃然纸上……由此触悟，节日的厚重正是由一个个当时不甚在意的瞬间积累而成。本书的初衷之一，就是尽可能地还原那些碎片化的情形，并织构起啤酒节的千姿百态，展现办节的无尽甘苦。

感 悟 结 语

　　一世有缘，半生最爱。直到自己职业生涯临近尾声，尤其在本书行将结束叙述部分之时，蓦然发现此生与啤酒节竟有三度奇缘。一是1991年给青啤厂送支票时的"偶遇"，成了半生与啤酒节际会相拥的缘起，而此前对这个节日的了解仅停留于对报纸信息的匆匆浏览；二是1998年10月，离开市旅游局两年多后，因在《青岛日报》内参发表了一篇议论啤酒节的文章，而被分管节日的副市长关注继而任用；三是2003年啤酒节因"非典"耽搁而缩短了筹备期，在临近节日开幕47天之际，再度被啤酒节指挥部召回。回想起来，这三次与节日的分而再聚确非人为的故意，皆为缘分使然。而且，这"三聚"都不能证明本人有何必用的才干，只能说冥冥中让我从未放手与节日的情缘，再就是啤酒节的主办者对我爱节情怀的眷顾与不弃。或然天意如此、必当谨守，这30年与啤酒节剪不断的一切深浅交集都在默示或明证，我虽是办节行政体系队列中的屡次掉队者，但也是一直陪伴节日风雨中奔跑的阿甘，并以职业生涯的大半履历在为节日永续的红火暖场，甚或有意无意地扮演了啤酒节守夜人的角色。

作者与首届啤酒节承办方主要负责人程衍俊

附录

时空对应：1991年至2020年

人 & 事

　　节节日的主角永远是人，节日的构成终究靠事。30年来，各色人等需求各异、使命不同，穿梭于啤酒节形形色色的往事之中——或出于庄重，或随意玩味；有的短促急切，有的盘桓悠长；要么激越开怀，要么情系深挚；不是沉迷酩酊，便是浅酌清淡……乍看上去，这些匆促快闪的人与事似浮光掠影、不值发掘；细究起来，桩桩件件都是不该佚散的珠玑，将之串联起来并衔接下去，就是一座城市几代人爱慕的激活和延续，是啤酒节过去、今天和未来生生不息的人文基础。

　　若将瞭望的视域向纵深继续扩展，更可发现从古至今声名卓著的节日都是以人为核心背景的借助和造化，无论中国传统端午节中的屈原，还是西方经典圣诞节中的耶稣，或是慕尼黑啤酒节初创时婚典中的主人，都是构筑节日人格化或神格化不可或缺的要素。青岛的啤酒节还很年轻，节中的啤酒女神和夺冠酒王实际上已在体现着节日的人格化。以啤酒女神为例，虽然一时还要靠更多的外形之美来博取激赏，但内在的人格力量迟早要超越目观之美，成为节日人格化成熟的象征之一。

热 烈 开 启
（历届啤酒节第一桶啤酒开启者）

　　开启第一桶啤酒本应成为啤酒节的传统承袭和标准动作，如前三届仿照慕尼黑啤酒节的场景那般真实和恰切，并做到届届执持、久久为功。然而，从大型文艺晚会作为节日的开场大戏后，对开启第一桶啤酒这个环节进行了娱乐化的处置，比如酒桶的大小和盛装的内容已与实际的品饮并无关系，这使开启行为原本的经典性和意义性被消解，成为创意性和夸张式的演艺作秀。又因多届开幕的地点发生转移和名称时有不同，有时在啤酒城，有时在体育场；有时是开幕式，有时是开城式，这更使得开启第一桶啤酒的现场真实感被打了折扣，也让走心的观众产生莫名的时空违和感。但不管怎样，节日的开启瞬间都有特殊的节点价值。

作为啤酒节开幕的重要仪式环节，从第15届开始，基本由当任的市长来开启第一桶啤酒，这也是慕尼黑啤酒节的惯例之一。统计表明，30届中，由市长一人单独开启的为12届，其余18届均有不同身份和角色的人物担任开启之职。

第5届
常怀志　北京双合盛五星啤酒公司总经理
雷蒙德·彼得·尚　澳大利亚金得利贸易公司总裁

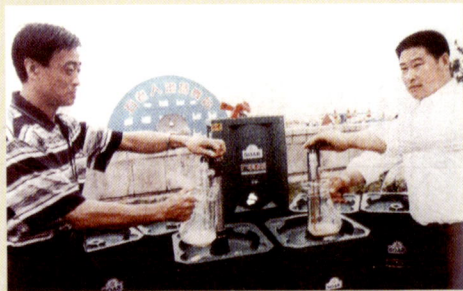

第8届
崔　林　再上岗明星
赵辉星　再上岗明星

第12届
王雯洁　青岛大学艺术学院学生
白云安　青岛大学美国留学生

第14届
许振超　青岛港务局职工

第18届
张娟娟　第29届奥运会射箭冠军

第21届
中外宾朋及市民代表

注：同一届啤酒节，若啤酒城和体育场的文艺晚会都举行开启第一桶啤酒的仪式，本书以前者为首选。

激 情 挥 洒
（历届啤酒节总指挥）

　　"指挥部"是后来才有的办节组织体系，前五届没有构建这一体系，也未见任何官方文件对"总指挥"这一职务的确认，所以"总指挥"只能算作追溯性和习惯性的统称。最早的"总指挥"称谓出现在第6届啤酒节主会场啤酒城指挥部的组织体系中。因此，下列"总指挥"既包括确有职务任命文件的，也包括以往各届在啤酒节领导小组、组委会或指导委员会中任职或兼职的办公室主任。

第1届	第19届至20届
刘正德　毕于岩	杨　超
第2届	第21届
王心泰	杨聚钧
第3届至5届	第22届至24届
林志伟	夏正启
第6届	第25届至26届
林志伟　王建功	王　洌（崂山区会场）
第7届	柴方利（黄岛区会场）
王建功	第27届
第8届至9届	吴志成（黄岛区会场）
臧雪涛	郭振栋（崂山区会场）
第10届	第28届
尹典正	杨东亮（黄岛区会场）
第11届	郭振栋（崂山区会场）
王建功	第29届
第12届至13届	丁继恕（黄岛区会场）
任宝光	王　洌（崂山区会场）
第14届至17届	第30届
邓云锋	丁继恕（黄岛区会场）
第18届	王　洌（崂山区会场）
李　明	王兰波（崂山区会场）

197

注：黄岛区会场的指挥系统分为两个层级，以上所录为具体负责节日现场运营的总指挥。

作者与多届青岛国际啤酒节总指挥

1992年与王心泰（中）

2006年与杨超（左一）

2008年与李明（右二）

2008年与邓云锋（中）

2009年与王兰波（左一）

2010年与任宝光（右一）

2011年与杨聚钧（中）

2013年与夏正启（右一）

2020年与刘正德（左一）

2020年与郭振栋（左一）

历届青岛国际啤酒节总指挥题词录

青岛啤酒连结着友谊与合作

刘正德

2020年5月24日

祝愿:

青岛国际啤酒节
越办越新,
年年创新意,
打造成
城市靓丽名片,
国际知名品牌。

背点燃心扉面,啤酒举杯土而生
历数年久呵护,啤酒花催烽娃
展未来前途无量,啤酒节傲今天

林志伟
二OO五.七.

作为承办者和参与者
我衷心祝啤酒节前越办越好。

2005.7.21

不同的年代
共同的激情

王家志
2006年7月4日

啤酒节是现代.开放
时尚.活力青岛的集中
展现。
青岛与世界干杯,愿
啤酒节的激情扬溢伴
我们与世界同行.祝
青岛啤酒节越办越好。

我为全人类祈福安享
幸福幸福.传播友道
的共同节日!

杨延
二0二0年五月廿二日

向岁月致敬,
与时代干杯!

杨学钧
2020.8.9.

200

祝青岛国际啤酒节
走向世界
　　　王忠功
　　　2006.7.20

香飘腾城
屿岛队情
琴翠特色名倾
　五　洲　情
　　　臧玉涛
　　　2006.7.21

倾力酿造
　　激情狂欢
携手共创
　　和谐文明
　　　邓立鲲 2008/7/22

2008年国际啤酒节
为奥运庆功
与世界干杯
　　　李肇星
　　　二〇二〇年六月七日

佳承文化
再创辉煌
　　夏耕
2012.8.11

增加城市活力
引领城市时尚
提升城市品质
传承城市文化
　　郭爱栋
　　2020.5习

激情欢乐节日时光
品味共享百姓幸福
祝福青岛国际啤酒节
　　王浩
二〇二〇年五月廿八日

八 方 道 贺
（历届致意啤酒节的贺信）

青岛国际啤酒节深植于东西文化交融的开放沃土，有与生俱来的外向型天禀，是青岛践行与世界干杯的不倦使者。因此，从早先不设防的豪爽邀约到现今蜚声海外，每届啤酒节都会频频招聚五洲四海的热切关注和诚意祝贺的远方飞鸿。特选录不同时期国外政要或友朋发来的几篇贺词，供读者反观国外宾朋对青岛及啤酒节的祝愿和评价。

1998年（第8届）
联合国前秘书长布特罗斯·加利

祝愿本届啤酒节所举办的各项文化活动圆满成功，并由衷地祝愿青岛继续取得进步和发展。

1999年（第9届）
联合国秘书长科菲·安南

非常高兴地得知第9届青岛国际啤酒节即将开幕，青岛国际啤酒节是一次旨在促进国际合作、增强相互了解、发展友谊的盛会。

2001年（第11届）
澳大利亚前总理鲍勃·霍克

感谢青岛市市长及人民对我访问这座美丽城市所给予的热情款待。

祝贺青岛成功申办2008年奥运会帆船比赛，相信比赛定能取得成功。澳大利亚人民愿尽一切努力为青岛提供帮助。

同时祝贺著名的青岛啤酒厂，它生产的青岛啤酒是世界上最好的啤酒之一。

向青岛的未来致以最美好的祝愿。

2003年（第13届）
慕尼黑市旅游局局长白佳碧

参加青岛国际啤酒节的亲爱的朋友们，作为十月节（Oktoberfest）的组织者和慕尼黑旅游局的局长，我在青岛国际啤酒节到来之际献上最诚挚的问候，并衷心祝愿青岛啤酒厂成立100周年庆典取得圆满成功。

许多美好的纽带将慕尼黑和青岛这两座城市连在了一起：我们都是有着优美环境、多彩文化和悠久历史的世界著名旅游胜地。我们都是奥运会举办城市。我们都是独特的、受大众欢迎的节日之都。从2003年3月起，我们在旅游业方面进行了合作，以相互促进我们的城市和节日的发展。

十月节是一个传统的节日。自从统治巴伐利亚的国王路德维希一世与萨克森的特蕾莎公主，在1810年成婚并举行了隆重的庆祝活动之后，十月节就成为一个公共节日，它是一个大家能聚集在一起，在无拘无束和友好氛围中欢度的节日。现在十月节在同类节日中是世界上庆祝规模最大的一个。每年为期16天的庆祝活动要吸引600万游客。它的名声如此之大，以至于世界各地先后冒出了3000多个"孪生的十月节"。

所有这些节日，都秉承着一种精神，那就是将来自世界各地的人们聚集到一起举行庆祝活动，以加深国际友谊。

从这个意义上，我再一次祝愿青岛啤酒节成为一个成功的充满快乐和值得回忆的节日。

2003年（第13届）
美国AB集团董事局主席奥古斯特·安海斯布希三世

青岛啤酒100多年丰富的酿造技术及其令人敬慕的领导才能奠定了中国啤酒工业的基础，青岛啤酒是饮誉世界的中国啤酒品牌的典范。从1993年起，AB公司幸运地成为青岛啤酒的合作伙伴，而这种伙伴关系在不久前又得到了巩固和发展。今天，我们很荣幸来到这里，与各位来自政府和企业的领导一起参加青岛啤酒的百年华诞，值此机会，请允许我向在座的各位表示热烈的祝贺。AB公司期待着与青啤在将来的发展中相互学习，共同成长和繁荣，共创世界啤酒市场的美好明天。

2020年（第30届）
慕尼黑啤酒节总指挥科莱门斯·鲍姆盖特纳

你们好，这是来自慕尼黑的问候，亲爱的青岛国际啤酒节的宾客们！

青岛与慕尼黑的密切关系源远流长。早在1328年，慕尼黑就通过精酿工艺酿造了自己的第一桶啤酒。而1903年，青岛用巴伐利亚的同样工艺制作了自己的啤酒，青岛啤酒在1906年慕尼黑获得了世界级的啤酒品质大奖，并随后赢得了源源不断的赞誉。

在新冠疫情影响整个世界的当下，我们决定今年暂停举办慕尼黑啤酒节，许多民众为此而感到悲伤，但是我相信这对慕尼黑市是正确的决定。在此，我们不仅要向青岛国际啤酒节的30年庆典献上最好的祝愿，而且也要在这一特殊时期，祝福这是一届安全、美丽、成功和欢乐的国际啤酒节。

我希望在此送上慕尼黑热情的问候，用中文说一声"谢谢各位的到来"，并期待与你们在巴伐利亚相见。谢谢。

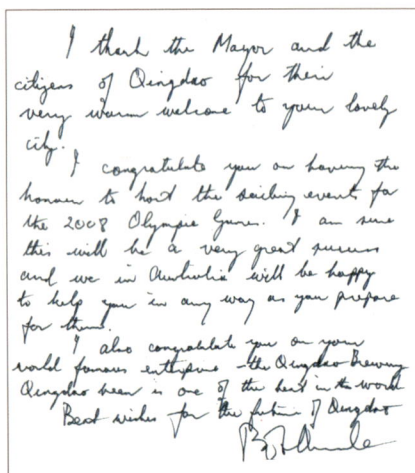

青啤百年华诞之际澳大利亚前总理霍克的题贺

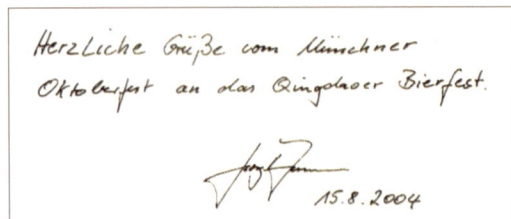

第14届啤酒节开幕之际，慕尼黑啤酒节总指挥安兹曼发来贺词

第25届啤酒节开幕之际，慕尼黑啤酒节发来贺信

第30届啤酒节开幕之际，慕尼黑啤酒节总指挥科莱门斯·鲍姆盖特纳发来贺词

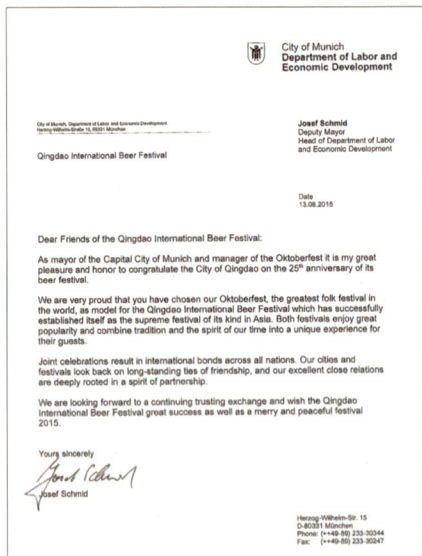

女 神 靓 影
（历届啤酒节小姐及啤酒女神）

　　以年轻女性为主体的评选活动，不管以什么名义开展都带有选美的性质，而选美曾是个十分敏感的社会话题，即使改革开放阔步十余年后的青岛，依然没人有斗胆一试的勇气。直到1992年市北区掀开了这个羞涩的盖头，只是为了避讳不同观念的非议，首届只能以"礼宾小姐"大赛来命名。活动只办了两届就无疾而终，猜想可能与第2届时大胆改名为"青岛小姐选美大赛"有关。

　　此后，岛城的选美赛事沉寂了四年，直到1998年啤酒节小姐（啤酒女神的前身）始登舞台。需澄清的是，啤酒女神的概念要晚于啤酒节小姐，而啤酒节小姐评选活动要比啤酒节晚七届。也就是说，啤酒节举办到第8届时，才有啤酒节小姐大赛派生，而啤酒节小姐之名在第11届啤酒节时才更名为啤酒女神。除2000年因故停赛、2020年因新冠疫情停办，啤酒女神在名义上一直与啤酒节若即若离，时而携手紧密，时而各行其是。

　　从传播学的角度讲，古今中外节日的影响力大抵由"力"和"美"两种要素构成。

作者（中）担任2001年啤酒女神评选活动评委

　　啤酒节的"力"可以通过饮酒大赛得以彰显，而"美"通过选拔"女神"是最好的传达。应该说，"啤酒女神"作为重要的文化符号，对啤酒节形象的播扬起了不可替代的作用。需澄清的是，啤酒节挂牌活动奖励轿车并非始于2004年第14届，也并非为酒王秦彬所得，而是始于五年前第9届啤酒节评出的"小姐"和"王子"，二人各获夏利"都市彩虹"轿车一辆。

　　"啤酒女神"评选（包括皇后、王子等赛项）是岛城唯一持续了20多年的主题性选美活动，一路走来经历了不少风雨坎坷，有道不尽的艰辛和难处，有说不完的故事和回忆。于今回想起来，啤酒女神评选至少有三重不可低估的社会价值。其一，它不仅是啤酒节最闪亮的品牌活动之一，也是提升节日感染力的靓丽筹码；其二，它不仅是改变许多年轻人命运的初级舞台，也是城市思想解放与观念进步的重要象征；其三，它不仅为啤酒盛会和所在城市添加异彩，也以美与爱的名义为时尚青岛做了生动的魅力演示。

注：2000年（第10届啤酒节）因存有争议未评选；2020年（第30届啤酒节）因新冠疫情未评选。

1998年（第8届啤酒节）陈 晶　　1999年（第9届啤酒节）邴静静　　2001年（第11届啤酒节）李 夏

2002年（第12届啤酒节）杨 眉　　2003年（第13届啤酒节）王 琦　　2004年（第14届啤酒节）刘倩倩

2005年（第15届啤酒节）方 馨　　2006年（第16届啤酒节）焦 健　　2007年（第17届啤酒节）申琪琪

2008年（第18届啤酒节）杜 晨

2009年（第19届啤酒节）王阳阳

2010年（第20届啤酒节）宋佳颐

2011年（第21届啤酒节）王慧瑛

2012年（第22届啤酒节）张靖璇

2013年（第23届啤酒节）邵雨辰

2014年（第24届啤酒节）于耀然

2015年（第25届啤酒节）黄 可

2016年（第26届啤酒节）王 璇

2017年（第27届啤酒节）王晟旭

2018年（第28届啤酒节）赵琪琪

2019年（第29届啤酒节）赵桢瑶

207

酒 王 风 采
（历届啤酒节饮酒比赛优胜者）

　　饮酒比赛始于首届，延办至今，当初的名称很朴素，就叫"饮酒比赛"，设立的项目包括"吹瓶""持酒耐力""饮酒技巧""开启酒品"四项，但真正与酒量有关的就"吹瓶"一项。与其说是比赛，不如说是群众性的娱乐活动更贴切，因其没有严格的参赛规则，也没有丰厚的奖品，优胜者可领到一件青岛啤酒的文化衫或节日的小纪念品。迁至崂山啤酒城举办后，奖品的档次逐年提高，如第4届之后的优胜者可获得彩电一台或摩托车一辆等价值万元以内的奖品。"饮酒比赛"总体处在不断升格的路上，体现在比赛设置花样的愈加繁多，得奖的选手也越来越多，甚至有些界别不清、奖项纷纭、称谓不明的凌乱感。比如，这届称"冠军"，下届称"酒王"；要不称"新擂主"，要不封号"大肚王"……所以虽经多方查证，依然难保以下优胜者名录的准确，只能作为参考之用。

　　严格说来，除了"吹瓶"一项具有贯穿始终的"原始"意义，其他的赛项都在不停地调整和创新中莫衷一是。真正无争议的"酒王大赛"从第14届开始，显著标志是：①奖品规格提高了，价值4万元至10万元的家用小轿车首次驶进啤酒城的参赛台；②比赛综合性强了，由单纯的"吹瓶"一项升级为"吹瓶"、大杯速饮（1500毫升）和一分钟吸管速饮三项的成绩相加；③观赏性更好了，无论选手的装束和行头，还是开场舞和选手登台音乐的铺垫以及比赛用的道具、量具和各类物品等，都经过精心的设计包装；④比赛规则严谨了，不仅裁判执规严格，为体现公正公平，公证人员也在一旁监督；⑤与电视媒体的结合紧密了（青岛电视台《满汉全席》栏目参与策划包装），传播价值的提高有利于参赛选手踊跃报名，也有利于奖品赞助商的加盟。因此，第14届及以后的参赛优胜者称"酒王"更准确，此前的夺冠者称"冠军"较合理，总体统称"优胜者"更有说服力。

　　饮酒比赛是啤酒节少有的延续了30届的特色活动，虽然它经历了各式各样改造，甚至也出现过徘徊和低潮。鼎盛时期的酒王争霸曾包装成表演项目，是啤酒节也是城市形象的一道独特风景，无论参加国内的旅游交易会，还是到外地推广青岛旅游业，酒王表演都极具城市符号意义和代言价值，是所到之地人们争相围观的青岛"保留曲目"。

　　饮酒比赛最具代表性的三个项目是"吹瓶"、大杯速饮、一分钟吸管速饮，以往30届可确认的最高纪录分别是（均以决赛有效成绩为准）：①500毫升吹瓶4秒01（张树军保持，第30届创造）；②1500毫升大杯速饮5秒87（侯德昌保持，第30届创造）；③一分钟吸管速饮3725毫升（任光超保持，第25届创造）。

　　鉴于第1届至13届啤酒节举办年代相对久远，早期饮酒比赛的规范性也多有欠缺，加之关于比赛成绩的记述众说纷纭，故而对第13届之前的历届优胜者只做不分界别的记载，在名称上也不称"酒王"。以下是曾经的饮酒冠军获得者：高仲、何伦、杨斌、马谦、赵志博、张建伟、高克绪、高伟、张忠友、秦彬、孙玉坤。

从第14届开始，饮酒比赛的项目设置和评判规则都日臻严谨和完善，相关记载也更加准确翔实，选手的最终排名是其参加的多个饮酒项目综合得分的结果，因此命名为"酒王"算是实至名归。以下所列的优胜者有的在14届前已取得过佳绩，但更多的是新崛起的"酒王"，其中最豪横的是任光超。他是啤酒节迄今30届饮酒比赛活动中夺冠时最年轻的（19岁），也是获得桂冠届数最多的王者（10届）。

第14届 秦　彬
第15届 任光超
第16届 姜国庆
第17届 任光超
第18届 李保成
第19届 张森学
第20届 李保成
第21届 李保成
第22届 任光超
第23届 李保成
第24届 任光超
第25届 崂山区会场任光超　黄岛区会场任光超
第26届 崂山区会场任光超　黄岛区会场任光超
第27届 黄岛区会场李保成　崂山区会场任光超
第28届 黄岛区会场任光超　崂山区会场任光超
第29届 黄岛区会场任光超　崂山区会场未举办
第30届 黄岛区会场任光超　崂山区会场未举办

高 仲

何 伦

杨 斌

马 谦

赵志博

张建伟

高克绪

高 伟

张忠友

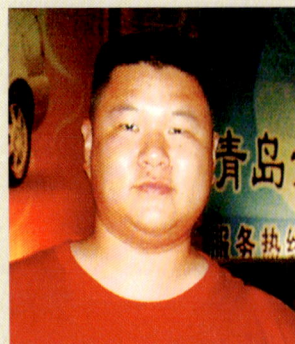

秦 彬

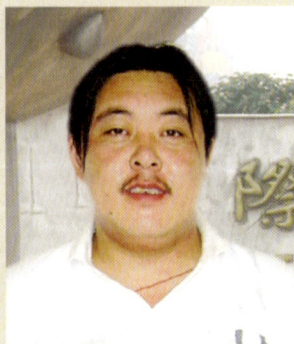

孙玉坤

姜国庆

张森学

任光超

李保成

首届啤酒节饮酒技巧比赛

作者与第4届至6届"吹瓶"比赛冠军杨斌（右三）

兄弟"酒王"高仲、高伟在第11届啤酒节上同台比拼

作者在第19届啤酒节"酒王"大赛决赛现场

众 星 捧 节
（历届啤酒节演艺明星）

　　一说到星，就会想起舒婷的诗句："在黑暗中总有什么要亮起来/凡亮起来的/人们都把它叫作星。"虽然不赞成明星捧节的话题，但考虑到那些来去匆匆、闪烁荧荧的大牌过客，毕竟是节日欢庆史的有机组成，在走马灯般的忽闪或有心无心之间，也曾为节日声名的颂扬做过贡献，故此尽可能地发掘和记录在案为好。不过由于时间较为久远，演艺人员的统计难以齐全准确。再者"明星"的标准也难把握，只能按照三个标准大概梳理入列。第一，在当时有较高的知名度，音乐排行榜上时常名列前茅的艺人；第二，虽然排行榜上名次不靠前，但系歌坛常青树级的人物，如老艺术家们；第三，不管何年何月当红，都不能是转瞬即逝的明星，要有一段较长的走红时间。还有，以下名录只选名人不选名队，即使是人气很高的组合演出团队（二人组合除外）；入选者不单是登台的演艺明星，也包括上场的著名主持人和词曲作者；所有排名不分先后，也不论出场顺序；不管是参加开闭幕式文艺晚会，还是节日期间啤酒城中的演出活动，只要与啤酒节有关系就一并录入。

　　如果细分演出性质不难看出，啤酒节的开幕式确有多种不同类型。有的属于大型广场文艺表演，有的更像是歌星演唱会，有时是开幕式和演唱会各自在不同时间和地点上演，有时是两者的合二为一推出。颇有感怀的是，第9届属典型合二为一，也是唯一由市长在每张明星邀请函上都签名的一届，所以促成了青岛籍明星悉数参节的"全家福"。通过以下荟萃明星的不完全记录，或可遥望不同年代群星闪耀的节日夜空，也可粗梳岛城演艺市场的过往情形，甚至映现追星一族时尚消费的潮起潮落。

　　第1届

　　赵忠祥、孙晓梅、刘欢、江涛、姜昆、唐杰忠、侯耀文、石富宽、解晓东、解晓卫、徐沛东

　　第2届

　　潘美辰、周子寒、何映达

　　第3届

　　姜育恒、张祐瑄、彭丽媛、佟铁鑫、范琳琳、江涛、红霞、吕思清、郭公芳、王秀芬、牟洋、于海伦、李维康、耿其昌

　　第4届

　　刘维维、陈小群、金有功、王珊、孙杰、吕思台、安黛·拉蓓

第5届

无明星

第6届

董文华、江珊、林依轮、腾格尔、蒋大为、德德玛、澹台仁慧、韩善续、刘媛媛、臧天朔、马玉涛、王昆、吴雁泽、关贵敏、杨洪基、贾世骏、罗天婵、刘秉义、吕文科、王刚、成方圆、卞小贞

第7届

费翔、韩磊、谢东、孙楠、王昆、刘秉义、罗天婵、于淑珍、崔钦、牟玄甫、邓玉华、张天浦、才旦卓玛、郭蓉、廖忠、何静、白雪、王刚、成方圆、唐国强、李慧珍、张恒、张林、冯敏、丁薇、马玉涛、郭颂、李光曦、吴雁泽、秦勇、乔榛、丁建华、朱桦、庄野真代（日本）、葛城雪（日本）

第8届

苏芮、赵丽蓉、刘欢、钟镇涛、赵传、阎维文、殷秀梅、孙国庆、毛宁、陈明、孙悦、姜昆、侯耀华、李金斗、郭达、蔡明、巩汉林、理查德·克莱德曼（法国）、中野良子（日本）

第9届

王菲、叶倩文、林子祥、唐国强、倪萍、万山红、刘信义、于魁智、吕思清、田震、张浅潜、盖丽丽、赵保乐、江涛、于魁智、赵小锐、王启敏、李俊、孙国璐、陈庭威

第10届

李玟、齐秦、范晓萱、孙楠、臧天朔、田震、戴玉强、王霞、李慧珍、刘维维、方静、郑钧、张信哲、陈晓东、许美静、张楚、王磊、窦唯、迪克牛仔、毛宁、陈明、孙国庆、费翔、那英、郭颂、朱洪昌、刘秉义、罗天婵、才旦卓玛、耿连凤、鞠敬伟、柳石明、闵鸿昌、大友良英（日本）

第11届

臧天朔、宋祖英、陈慧琳、庾澄庆、毛阿敏、赵传、周蕙、乔榛、丁建华、汪正正、费翔、朱明瑛、邓玉华、李光曦、孙国庆、江涛、白雪、拉苏荣

第12届

周杰伦、陈明、吕思清、关牧村、羽·泉、韩红、许茹芸、姜育恒

第13届

萧亚轩、周华健、陆毅、郭峰、羽·泉、戴玉强、韦唯、文章、朱军、周迅、赵保乐、

王小骞、王霞、火风

第14届

张学友、蔡依林、梁静茹、苏芮、潘安邦、伍思凯、郭蓉、尤泓雯、宋立忠、火风、方宏进、宋佳、周岭

第15届

陈慧琳、张信哲、孙楠、胡彦斌、蔡琴、孙楠、蔡健雅、范竞马、王思思

第16届

孙燕姿、陶喆、光良、许慧欣、崔健、庞龙、吴大伟、羽·泉、罗伯特·威尔斯（瑞典）

第17届

郭富城、李宇春、迪克牛仔、徐怀钰、许巍、胡杨林、吕思清、杨培安、黄渤、高晓松、陈辰、安琥、李大华、郑钧

第18届

梁咏琪、费玉清、张震岳、那英、陈楚生、矫妮妮、曹可凡、舒高、李大华、维塔斯（俄罗斯）

第19届

宋祖英、刘若英、戴玉强、陈好、阿信、吴大维、郑智薰（Rain，韩国）

第20届

黎明、张惠妹、韩红、孙楠、腾格尔、凤凰传奇、马斌、玛利亚（Maria Cordero，塞拉利昂）

第21届

王力宏、陈慧琳、韩庚、汪峰、龚琳娜、阿朵、娜蒂（阿根廷）、大牛（Daniel Newham，英国）

第22届

李玟、费玉清、陈坤、黄小琥、萨顶顶、石头、胡晓晴、乌兰图雅

第23届

周华健、林志炫、周笔畅、彭佳慧、黄绮珊、董飞

第24届

无明星

第25届

张目、陈一玲、刘明辉、田园、西域胡杨、郑洁、毋攀

附 录

第26届
任志宏、常馨月、张咪、温玉娟、石头、杨嘉松、金霖、袁东方、王威
第27届
黄晓明、迪克牛仔、马斌、赵保乐、王春婵、薛中锐、张羽、旺姆、金美儿、
第28届
黄晓明、赵保乐、常馨月、郎朗、秦立巍、刘扬、蔡宜璇
第29届
黄晓明、常馨月、吕思清、秦立巍、王弢
第30届
常馨月、石头、火风、殷秀梅、郝云

门票记忆
（历届啤酒节城门票价）

　　无论是早期还是现在，只有入城参节才算是真正做了一回"城民"。而观看一台2小时左右的大型晚会，或是在道边驻足观赏巡游，总觉得是错位的浅尝和花哨的过场，与举杯沉浸于群情激荡的酣畅中的感受迥异。严格说来，与动辄几百或过千的晚会票价相比，啤酒城的门票透着更多的平实和亲民，从第11届至第28届，普通门票的最高金额为白天10元、晚间20元，前后坚持了18年未涨价。这个票价既可被多数公众接受也可被人们的购买力忽略，或许只起调控人流的安保作用或数据统计之需。因此，当啤酒城的门票于第29届重新归零时，既没有引起公众太多的惊喜，也没有引来媒体过多的评价。一切都是自然又正常的回归，回归到节日的本质属性——公共文化福利的再分配，就像慕尼黑啤酒节从未收过门票一样。

　　啤酒城的门票既有白天和夜间之分，也有不同日期不同价位之别。再就是有的门票是出席啤酒城开、闭幕式的凭证，有的门票含有赠酒赠物，有的门票可入城后凭票观赏演出，所以价格不尽相同。甚至，个别年份啤酒节的分会场也曾收取门票，其价格总体上不高于主会场。下列统计仅为节日主会场最基础、最普通的门票及价格。

　　第1届：白天3元，晚上10元

　　第2届：免门票

　　第3届：白天1元，晚上2元

　　第4届：白天4元，晚上8元

　　第5届：白天5元，晚上10元

　　第6届：白天6元，晚上15元

　　第7届：白天5元，晚上15元

　　第8届：啤酒城免票，环宇乐园白天20元，晚上30元

　　第9届：白天6元，晚上15元

　　第10届：白天8元，晚上15元

　　第11届至28届：白天10元，晚上20元

　　第29届至30届：免门票

关于首届青岛国际啤酒节
期间各项活动门票价格的初步意见

市物价局：

首届青岛国际啤酒节将于六月二十三日开幕，历时八天。为借此时机，加强对外宣传，扩大对外影响繁荣经济、交流文化、创造热烈、浓郁的节日气氛。啤酒节期间，将举办文艺、体育、海上游览、饮酒比赛等多种活动。本着"以节养节"的原则，为取得良好的社会效益和经济效益，经啤酒节领导小组研究，各项活动门票价格初步拟定。

1. 啤酒城门票价格

（一）普通票：3元（不包括中山公园门票价格）
4元（包括中山公园门票）

（二）开幕式贵宾票：100元（包括中山公园门票价格）

服务项目：持此票于六月二十三日可参加啤酒节开幕式，进啤酒城免费品尝中外啤酒，出席招待酒会，观看开幕式首场文艺演出。

（三）开幕式特邀来宾票：50元（包括中山公园门票）

服务项目：凭此票于六月二十三日下午1时至下午3时进啤酒城品尝中外啤酒，观看开幕式首场

文艺演出。

（四）啤酒节期间啤酒城招待票：30元（包括中山公园门票）

服务项目：凭此票入啤酒城内接待室免费品尝中外啤酒、观赏硬笔书法、名人书画展览、欣赏音乐。

（五）饮酒比赛票：10元（不包括中山公园票价及啤酒城票价）

二、体育馆文艺晚会票：30元

六月二十三日至六月二十六日，邀请全国部分著名歌唱、曲艺演员，中央电视台著名播音员赵忠祥、孙晓梅主持晚会节目。

三、时装表演票：20元

特邀市纺织总公司时装模特队

四、海上游览票：100元

借用J121船，停泊在青岛外海区，作为活动场地。

服务项目：免费供餐、欣赏音乐、品尝啤酒。

五、交响乐、轻音乐票：10元

在琴岛艺术厅举办四场

以上门票价格妥否，请批示。

首届青岛国际啤酒节领导小组

一九九一年六月四日

首届啤酒节向市物价局报送的各项活动门票价格的初步意见

青岛市物价局文件

青价费〔1999〕166号

★

关于第九届青岛国际啤酒节门票价格的批复

市啤酒节办公室：

你办"关于第九届青岛国际啤酒节门票及演出票价的请示"收悉。

根据本届啤酒节的举办规模及投资情况，经研究，现将主会场门票价格及演出票价批复如下：

一、主会场（国际啤酒城）门票：白天（自上午九点至下午四点）票价每张6元；晚上（自下午四点至晚上十点）票价每张15元。

二、演出票价：原则同意你办提出的啤酒节演出价方案。具体票价由你办根据演出内容等情况确定。但演出票价中应内含主会场门票价格。

此复。

一九九九年七月十八日

抄报：市政府办公厅
抄送：崂山区物价局

参节公众踊跃购票入城

青岛市物价局《关于第九届青岛国际啤酒节门票价格的批复》

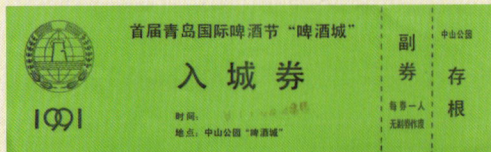

第1届至9届啤酒节入城门票

218

第10届至18届啤酒节入城门票

第19届至28届啤酒节入城门票

大 事 札 记

1986年，青岛市旅游局首次以书面形式向市委市政府提出创办青岛国际啤酒节的建议。

1988年1月，社科期刊《青岛研究》，发表杨曾宪与解建强合著的论文《青岛啤酒与青岛文化》，倡议青岛举办啤酒节。

1991年3月16日，青岛市政府印发《首届青岛国际啤酒节工作方案的通知》。

1991年6月23日至30日，首届青岛国际啤酒节在中山公园举办。

1993年5月17日，隶属于青岛市旅游局的青岛国际啤酒节办公室成立。

1993年12月24日，青岛国际啤酒城奠基典礼在崂山区举行。

1994年8月14日至24日，啤酒节首次在崂山区新落成的青岛国际啤酒城举办。

1996年，青岛国际啤酒节被国家旅游局列为全国旅游度假区主题活动榜首。

1996年第6届啤酒节期间，2000人同场共饮同一品牌啤酒，被载入上海大世界基尼斯纪录。

1997年2月13日，隶属崂山区政府的青岛市啤酒节办公室成立。

1997年第7届啤酒节，青岛市政府邀请6个国家部委共同作为节日的主办单位。

1997年第7届啤酒节期间，9771人同饮9771罐青岛啤酒活动，被载入上海大世界基尼斯纪录。

1997年9月至1998年6月，新加坡环宇集团参与对青岛国际啤酒城进行大规模的娱乐化改造。

1998年11月7日，市政府决定建立全市重大节庆活动组织领导新体制，并成立青岛市重大节庆活动办公室。

1999年1月19日，青岛市政府正式印发《关于成立市重大节庆活动组委会的通知》。

2001年第11届啤酒节，确定使用"青岛与世界干杯"作为节日的永恒主题。

2003年8月15日，青岛啤酒百年华诞之日，第13届啤酒节同日开幕。

2004年第14届啤酒节，啤酒城首度大规模引进移动嘉年华设备。

2004年8月14日至29日，崂山区啤酒城和市南区汇泉广场均作为第14届啤酒节的大型会场。

2005年11月，啤酒节被国际节庆协会（IFEA）评为"中国最具国际影响力的十大节庆活动"。

2006年4月，啤酒节首次荣获"中国十大节庆活动"并位列榜首。

2006年第16届啤酒节，设置崂山区啤酒城、市南区汇泉广场、市北区登州路啤酒街三大节日会场。

2008年，第29届奥运会帆船比赛在青岛举办，啤酒节推后举行，并唱响"为奥运喝彩 与世界干杯"的主旋律。

2008年3月，青岛国际啤酒节荣获中华文化促进会颁发的"节庆中华十佳奖"。

2009年2月，青岛国际啤酒节（节徽标识）获得国家工商总局商标认定。

2010年12月18日，上实发展（青岛）投资开发有限公司负责的啤酒城新一轮大规模改造举行奠基仪式。

2011年第21届啤酒节，首次邀齐全球五大洲的知名品牌啤酒共聚佳节。

2011年12月，青岛市啤酒节办公室荣获人社部和国家旅游局联合颁发的"全国旅游系统先进集体"荣誉称号。

2014年1月，青岛国际啤酒节（节徽标识）获"2013年度山东省著名商标"认定。

2014年9月，青岛国际啤酒节的组织管理和服务工作通过中国质量认证中心ISO 9001质量管理体系认证。

2015年8月7日至30日，黄岛区首度辟设啤酒节大型会场，以"最大的海上啤酒广场"荣获"大世界基尼斯之最"称号。

2016年7月29日，第26届啤酒节黄岛区啤酒城会场开幕当晚，大型历史题材实景剧《梦筑琅琊》首演。

2018年第28届啤酒节，承续"上合组织峰会"的余韵，参节人次首超700万，其中西海岸会场630万，首次在参节人次的规模上比肩慕尼黑啤酒节。

2019年7月26日，国际啤酒节联盟合作机制在黄岛区啤酒城签约建立。

青岛市人民政府《关于成立市重大节庆活动组委会的通知》

青岛市啤酒节办公室荣获"全国旅游系统先进集体"奖牌

黄岛区啤酒节会场以"最大的海上啤酒广场"荣膺"大世界基尼斯之最"

借
&
鉴

慕尼黑啤酒节大数据参考

一、举办地点及场地面积

位于慕尼黑市中心的特蕾莎草坪，场地面积为42公顷（约630亩）。

二、入城参节的啤酒品牌

只有六家具有悠久啤酒生产历史的当地知名企业才有资格进入啤酒城参节，而且根据节日的传统契约精神，由这六家啤酒品牌参节的惯例几十年未有变化，分别是奥古斯丁那（Augustiner）、哈客·普硕尔（Hacker-Pschorr）、皇家HB（Hofbräu）、狮子（Loewen-brau）、柏龙（Paulaner）、铲子（Spaten，每年节日开启第一桶啤酒都在此篷举行）。除上述六家啤酒品牌大篷外，还有许多经营业主在城内设篷经营，这些业主虽然经营的内容不尽相同，但所售卖的啤酒一定来自六大啤酒品牌的供给。换言之，六个啤酒品牌大篷在城内都有相关的合作企业，只是所有的企业都各自经营、独立核算。

三、啤酒篷屋及座位数量（2019年第186届）

共设148个篷屋（17个大型帐篷，21个中型帐篷，其余为小摊位篷屋）；座位合计数量：约12万；最大的是皇家啤酒的篷屋（包括花园共9991个座位）。

四、节日期间的主要消费（2019年第186届）

1. 共喝掉了730万升（约7300吨）啤酒；
2. 共烤制和售卖烤鸡46.7万只和香肠20.6万根；
3. 在"牛扒"餐厅，游客吃掉了124头牛；
4. 在"烤小牛肉"餐厅消费了29头牛犊；
5. 总用电量为284万千瓦时，相比2018年用电量下降3.34%；
6. 总耗水量为10.5万立方米；
7. 天然气共消耗18.5万立方米，较2018年用量下降3.1%；
8. 游客在餐饮和娱乐方面的人均消费约为75欧元（630万游客≈4.7亿欧元）；
9. 节日期间现场总销售额4.9亿欧元；
10. 节日期间慕尼黑市酒店销售额3亿欧元；
11. 节日期间其他消费额2.1亿欧元。

五、游客数量及来源国家（2019年第186届）

入啤酒城游客共计630万人次，位列前10位的国外游客依次是：美国、英国、法国、奥地利、荷兰、瑞士、意大利、澳大利亚、瑞典、丹麦。此外，还有其他45个国家和地区的游客光顾了啤酒节，按参节人次排序分别是：阿根廷、比利时、波黑、巴西、加拿大、智利、哥伦比亚、中国、厄瓜多尔、芬兰、中国香港、印度、冰岛、爱尔兰、日本、哈萨克斯坦、科索沃、拉脱维亚、黎巴嫩、立陶宛、卢森堡、墨西哥、荷属安的列斯、新西兰、挪威、波兰、葡萄牙、波多黎各、罗马尼亚、俄罗斯、沙特阿拉伯、新加坡、斯洛伐克、斯洛文尼亚、南非、西班牙、韩国、捷克、土耳其、匈牙利、阿联酋、塞浦路斯。

另外，对中国游客参节的统计还不够完善，准确性也多有存疑。官方只提供了2014年和2019年两次抽样调查的数据，中国游客分别占该年总参节人次的0.9%（约5.67万人次）和0.1%（约6300人次）。

六、就业及经济贡献情况

2019年，第186届啤酒节为慕尼黑市带来巨大的经济贡献，据估算，约1.3万人在慕尼黑啤酒节工作，其中包括8000名长期雇员和5000名临时工。第186届啤酒节对慕尼黑经济的总贡献价值为10亿欧元。

七、近四十年参节人次统计

1980年510万；1981年620万；1982年580万；1983年660万；1984年700万；1985年710万；1986年670万；1987年650万；1988年570万；1989年620万；1990年670万；1991年640万；1992年590万；1993年650万；1994年660万；1995年670万；1996年690万；1997年640万；1998年650万；1999年650万；2000年690万；2001年550万；2002年590万；2003年630万；2004年590万；2005年610万；2006年650万；2007年620万；2008年600万；2009年570万；2010年640万；2011年690万；2012年640万；2013年640万；2014年630万；2015年590万；2016年560万；2017年620万;2018年630万;2019年630万;2020年0。

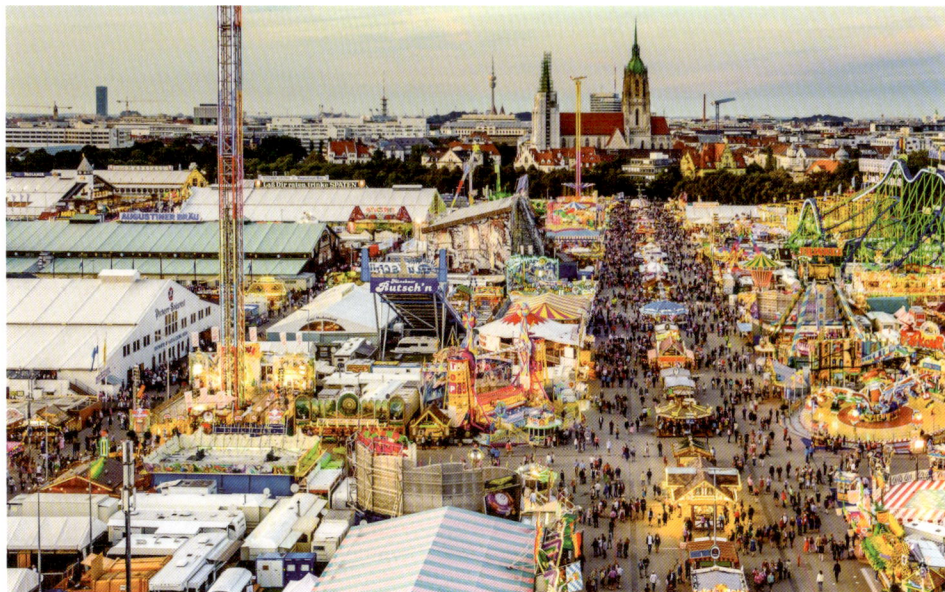

慕尼黑啤酒节盛况

一定是啤酒及其衍生的神奇

大型节事通常是国家或城市文化形象最具显性特征的活态渲染。春节是中华传统文化较为集中的展演，里约狂欢节是巴西桑巴文化年度大聚会的激情代言，奔牛节则是西班牙民众喜好冒险和勇于进取的生动体现。从普通人的视角看，除了地理和气候的明显差异以及对标志性建筑物的特别印象，人们对异邦的认知大多源自其重要节日传播的影响。"节日即城市"和"节日即国家"，节日也往往成为具有浓重替代性的城市或国家形象识别。

一般来说，城市文化征象发酵的原点大都不甚清晰，或有多种孕育的交叉和脉络的纷杂，但对于建置百余年的青岛，它的所有人文来路都不模糊，关乎诸多节事的缘起和走向更是爬梳有据。纵观40年来节事纷繁呈现的历史不难厘清，尽管兴衰交替不绝、热闹此起彼伏，可只有啤酒搭台酿生的节日成了青岛的趣味守恒和拥趸加持。啤酒节创办之前，青岛已有中山公园春季游园会、青岛之夏艺术节、海云庵糖球会等大小不一的节事活动。这些与自然资源或特色物产相关的节事，均得到一定范围的群众响应，但与蕴积雄厚的城市精神契合得还不够紧致，能够连结起几代人生活幸福感的强度似有欠缺。啤酒节举办之后，以市政府名义主办的海洋节、时装周以及各区市创办或复办的节事活动交杂密集登场，如市南的海之情旅游节、李沧的赏花会、崂山的北宅樱桃节、黄岛的金沙滩文化旅游节、城阳的红岛蛤蜊节、即墨的田横祭海节、平度的大泽山葡萄节、原胶南的拉网节。啤酒节的成功并非节事选题的巧合命中，而是百余年来潜移默化的宿命必由——因为它恰切了亘古即存的"酒神精神"，且在这种精神的护佑下一路欢歌、激荡前行。

宋人朱翼中有言，"酒能通神"，而酒神精神深植于人类文明初始的信仰需求，

一定是啤酒及其衍生的神奇

相关的酒神庆典古已有之、流播广远，无论史前的两河流域，还是昔时的罗马、希腊，乃至悠悠的神州华夏。彼时的人们确信酒是上苍的造化，西方人关于"啤酒是上帝的饮料"之说便是明证。饮酒行为从来就是兼具仪式和生活的双重意义，而节日更是恰到好处地聚合起二者，并将之褒升为重大事件的不可或缺。

对青岛而言，啤酒是伴随外来入侵的舶来品，其略带屈辱的背景或为民粹情结难以释怀，包括对酒神精神以及由这种精神化育的啤酒节庆心存芥蒂。其实，风味虽各有别，人间万酒同源，世上一切酒类最初的诞生都是天成之作，是偶然的发现而不是专注的发明。今天对啤酒和啤酒节夸赞的实质根由，仍是对纵横古今的酒神精神之赞美。正如周国平所言："古希腊人凭本能相信神灵，中世纪人凭逻辑相信上帝。现代人用理性扼杀了本能，又用非理性摧毁了逻辑，于是只好跋涉在无神的荒原上。"其实，今人并无超越时空和僭越规律的能力，也没必要对原始奇异的酒神庆典和当今兴盛的啤酒节事进行去神性化。因为，打开视域的通透空间便不难发现， 每种文明的初期都蕴化于有神论的土壤，每个国家都有自己的神话传说，体现了人类精神的充盈和诗意的栖居。

酒神精神深植于人类古老的基因之中，绵延存续、无论西东、价值普世，其本质是人与自然、人与神灵的恣纵沟通，所以它也是"集体狂欢"的别名，这与啤酒节蕴含或显扬的激越气质一脉相承。虽然办节人可能始终处于集体无意识的庸常琐碎中，也自然会忽略节日与神性早已款曲暗通的长期默契。酒神精神的现代演化和具体象征是，匠心专注和锲而不舍，无论是发酵酿造、保鲜贮藏，还是以酒欢宴、节庆盛典，都能体现酒神浸淫其中的感召力和魅惑性，进而产生人神共舞的升华感。所以，面对啤酒节这个形而上的快乐尤物，或许可以短视为及时行乐和宿醉一场，但对于贯穿古今、无以磨灭的酒神精神，即使不懂得虔心敬服，也应当慨叹它的不朽神奇。

细想起来，以啤酒发育而成且享誉中外的盛大节日，并未因啤酒的商品属性而被涂上浓重的商业色彩，人们对节日风尚的倾慕已远超口腹之欲的诱引，即便节日早已是引发城市经济增量的巨大商贸载体。之所以能将市场目的和商业动机化于无形，酒神精神长期潜隐其间、不露声色地为节日赋能，确是不易被人察觉的关键所在。同样，啤酒节三十载兴盛不衰的根本原因，只能从城市性格与酒神精神的高度契合中找寻和揭示，否则就会流于浮浅、索然无味，或是统统归结为承办方语境中的共同成因。作为数十年如一日的陪伴者，我始终执持酒神布施欢乐于天下的信念，而啤酒节每况愈上的顺遂也定有神助之功。

统观华夏今时，用啤酒来定义或冠名城市性情的几无先例，唯青岛是个意料中的例外。"啤酒之城"似已被国人广为认可并经久传扬，而"啤酒主义"的创造性赋予更是堪称神来之笔的概括。不仅因为悠久的啤酒酿造史，也不仅因啤酒畅销100多个国家，而是因为关乎"啤酒主义"的一切高标和振奋，早已深度沉浸并无形泛化为市井的日常，人们无须掩饰啤酒情结的快活带入感，也不必羞涩回应节日渲染的感性召唤。一杯清爽下肚就能激起万众共同的味觉响应，一个节日信息便可诱发整座城市的如痴如醉。

极而言之，啤酒就是青岛最具号令性和荣耀感的集体图腾之一，在与城市百余年的交织融汇中，已荣升为与百姓生息与共的精神渴求，是青岛最具街巷感和开放范的风情画卷。所以说，啤酒节30届的成功首先是酒神精神长期占据城市心灵的成功，这份"占据"自然包含对啤酒稀缺年代的品质尊崇及随后擢升而来的口感忠诚、品牌敬重和文化认同。对此城而言，能为之赢取特殊荣耀的一定是饮誉五洲的青岛啤酒，一定是文韵流芳的啤酒盛会，一定是口碑卓异的啤酒之城。

林醒愚
2020年11月

特　别　说　明

　　本书对部分量词和称谓做了灵活或约化处置，即使显得不那么专业，但只为方便读者更直观地阅读和理解；对涉及功过是非的内容，不提当事人的姓名；对节日产生的相关数据，除个别出处含混、"先天不足"之外，大都进行了较严格的考证分析。

　　1. 为了通俗的阅读，书中涉及啤酒产量和节日饮酒量时，未采用容积概念"千升"，而使用重量单位"吨"。

　　2. 除特定文稿使用正式名称"慕尼黑十月节"（如慕尼黑方面的贺信原文），其他各处都用俗称"慕尼黑啤酒节"。

　　3. 将所有办节场地面积都换算为"亩"，因多届啤酒节在面积表述上缺少统一量词，有亩、公顷、平方米之别。

　　4. 每届啤酒节的参节人次和饮酒量两项未能确证，只能沿用官方提供或媒体公布的数据。

　　5. 各区均使用行政区划名称，崂山区一般不称"高科技工业园"或"石老人国家旅游度假区"，黄岛区一般不称"经济技术开发区"或"西海岸新区"。

　　6. 在第25届至30届啤酒节期间，区分主会场和分会场的标志以青岛市市长在哪个区的开幕式上开启第一桶啤酒为准。

　　7. 本书只做"节点式＋兴趣化"的概述，无意为啤酒节做通览式或档案化的记录。一是能力不及，再怎么费力搜罗也难免挂一漏万；二是文责自负，只写节史中给作者留下兴奋点和深刻记忆的内容。